U0938504

萬里機構

自序

——蕭欣浩

香港飲食非遺，其實一直都在。小時候住屋邨，朝早到茶樓吃點心，蝦餃、燒賣、叉燒包，都是較常出現的款式，同枱食客還有「同邨不同樓」、「同樓不同層」的街坊，加插一堆新聞和「八卦」。假日聚焦家庭節目，與家母先到「茶記」吃早餐，她點奶茶、蛋撻，我自然懂得配合，點一個菠蘿包再交換吃，便可品嘗不同食物。要不到「冬菇亭」大牌檔吃碗粉麵，點兩碗太多，叫一碗怕吃不飽，乾脆來碗雲吞麵併水餃，有蝦有肉，有菜有麵，兩人都能吃得滿足。鄰居蝦醬炒菜，蝦醬「爆鑊」一刻，全層都會聞到，熱鑊落菜，彈水彈油，伴隨「喳」一聲，炒菜煮好，冷巷又回歸寧靜。輪到家母烚菜，蠔油用完，急忙跑到雜貨舖，取起付錢，不忘到豆腐舖買兩磚豆腐，外加一碗豆腐花。日常生活，是飲食文化傳播的絕佳土壤，豆腐的軟硬，撻皮的種類，點心的多樣，麵皮的運用，「茶走」的組成，蠔蝦的轉化，從小到大，「睇過食過，自然唔會錯過」。知識隨年增長，中華文化、飲食非遺，早就通過吃喝，從街市到餐枱，慢慢開始傳承。

九個香港飲食非遺的主題，匯集於《尋味非遺》這本著作，每個主題由五個部分組成。「話說非遺」結合香港在地的個人經驗，隨回憶講述相關主題的過去與現在，從生活出發，串連起飲食非遺的宇宙。「技藝訪談」、「製作過程」，呈現業內鮮為人知的故事，記錄各種飲食的製作方法，串連起飲食與人情。「中華文化」與「非遺對讀」，屬於相關主題的資料整合，縱向可以深入了解中華文化，橫向能夠對比相類近的非遺，縱橫交錯，從多方觀照飲食非遺的兼容並蓄。

訪談得來的飲食故事，內容超乎自己的想像，只能說飲食練就的人生點滴，從來是豐富繁雜，不是個人可以一一預期。大家從各自的專業領域，如數家珍，看似只是訴說日常，但整合起來，不僅扣連歷史文化，組成的人生課題，大大開闊我的眼界。回憶時有悲喜，辛酸夾雜歡愉，沉思轉成微笑，統統都由時日累積。感謝受訪的各位朋友，毫無保留，用言語梳理人生，以飲食演繹非遺。「新華茶餐廳」的蕭亮榮師傅，每次見面總會閒聊幾句，有種同鄉前輩笑說前塵、分享經驗的感覺。「祥興咖啡室」主理人 James 十分尊重文化，看事情有獨到的角度，能夠確切點出事情的緣由。「合利（洪記）茶餐廳」的老闆朱煥洪師傅，與我認識多年，早就不吝分享，想要做好文化傳承的工作。「港灣壹號」的中菜行政總廚陳漢章師傅，言行爽快，不時在傳統中菜加注心思，食如其人，不失方寸。

「公和荳品廠」董事 Renee，兼顧店舖與家庭，親力親為，各處打點，擔起萬能的角色。「十大碗粥麵專家」的 Kenny 與家樂，工作內外互補，配合得天衣無縫，訪問時還取笑我當老師說話太避忌，我笑着承認。「鋒膳」老闆 Nansen，常有創意料理，訪問了他的媽媽森嫂與爸爸粵菜大師森哥，就不難理解，因為 Nansen 的父母同樣「煮得」，也十分有創意。「勝利香蝦廠」第三代傳承人 Hago，承接家業，閒時真正「望天打卦」，工作「好天曬落雨淋」，十分不容易。「香港蠔業集團」老闆陳樹峰，一直堅守養蠔業，為業界出心出力。訪問時，用工作車接載我來回曬蠔場，經歷十分難得。

受訪的新知舊友，對我十分關顧，再次感謝他們的包容和慷慨。《尋味非遺》能夠順利出版，得感謝萬里機構副總編輯梁卓倫先生，對香港飲食非遺感興趣，放任我自由發揮，並與一直相助的工作團隊，追趕排版、編校和印刷的進度，我在這裏一併道謝。攝影師孫俊明先生，為著作拍攝精彩的照片，記錄了飲食製作時，人事景物的美好時刻，還有黃澥翹小姐，在趕急的情況下，幫忙校對，感謝他們的努力和付出。感謝好友 Joyce 和崔景恒議員，給與專業意見，介紹業內的朋友，令《尋味非遺》的主題擴闊了不少，還有「新華茶餐廳」的主理人柯小姐，很多媒體訪問都麻煩她，受訪之餘，時常借出師傅和場地，永無「托手踭」。

　　這本著作所組合的主題，並不是一時三刻的點子，實際是自己十多年飲食文化研究，加上飲食專欄書寫，奠基和累積出來的。感謝讀大學時的老師，讓我接觸飲食文化和香港文化，養成我閱讀和觀察的融合觸覺。在古文字、古籍研究的範疇，教曉我追根溯源、梳理資料的方法，令我更能深入了解中華文化。創作方面，開拓了我的界限，更好掌握不同文類的創作，靈活配合《尋味非遺》的各個範疇。同時感謝各界媒體朋友，給予我寶貴的專欄空間，撰寫各種古代、現代的飲食主題文章，鍛煉文筆之餘，思考古今飲食的種種。累積上百間大學、中學、小學、圖書館、非牟利機構，邀請我分享中華與香港飲食文化的講座，談點心、蛋撻，說食譜、茶藝，日後可以再加入內地與香港飲食非遺的主題，從小學到長者中心，推動飲食非遺的傳承和實踐。

　　自己十九歲投入飲食業，轉眼已經有二十多年，中途轉移到飲食文化的研究、書寫和推廣。一直慶幸在家母的關顧和教導下，加上自己的煮食興趣，自小就在洗切炒煮當中，開始傳承飲食文化。回看《尋味非遺》的九個主題，其實早就在人生中出現，延續到現在，累積、組合成這本著作，算是人生的小總結，為自己二十年的飲食實踐和觀察，立下一道小小的里程碑。中華文化古今流傳，飲食非遺早就置身當中，來到現代演化成各種項目，自己有幸參與「國慶 75 周年漁農美食墟」，以及「『香港非遺月 2025』開幕典禮暨非遺嘉年華」，介紹香港飲食非遺，與大眾同歡、分享，希望《尋味非遺》能更進一步，推動香港飲食非遺的傳承和傳播。

寫書時回憶起過去種種，一路走來，飲食文化推廣，跟飲食經營業界，都有陰晴不定的時候；但總有些人，與《尋味非遺》的受訪朋友一樣，無論順境、逆境，一直拼搏奮鬥，縱有辛酸，仍然相依、堅持。香港的人事景物，我依舊鍾愛，茶湯醬油取味，烘煮麵食填肚，點心豆品日常，目睹耳聞，咀嚼品嘗，就能感受香港飲食的美好和獨特之處。

蕭欣浩

1-7-2025

寫於香港浸會大學

目錄

二 漁農產品篇

三 親手包製篇

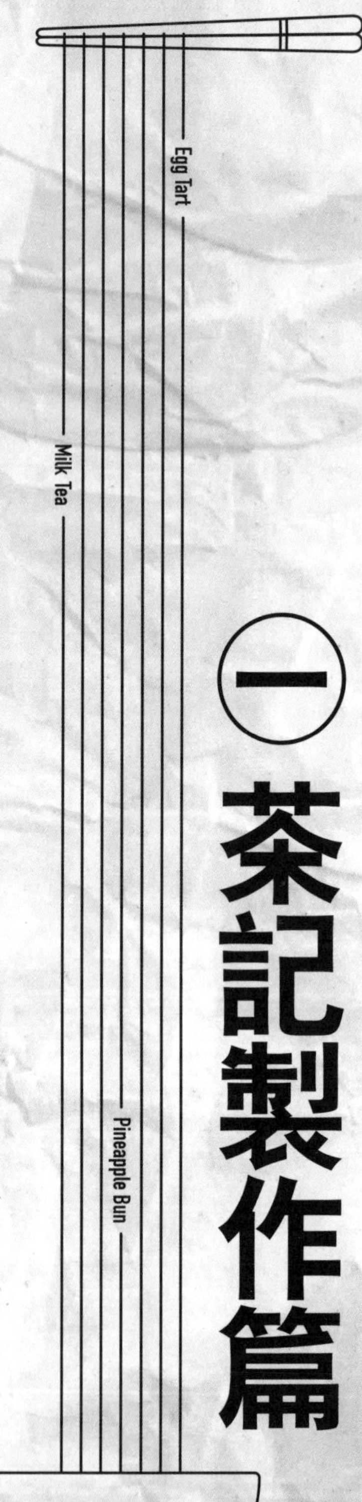

一 茶記製作篇

01

蛋撻製作技藝

Egg Tart Making Technique

新華茶餐廳

話說非遺

香港人喜歡吃蛋撻是不爭的事實，從小朋友到老友記，都有愛吃蛋撻的食客；啜凍鴛鴦、飲熱「茶走」，一樣能跟蛋撻配搭出好滋味。蛋撻較常出現於茶餐廳、麵包店，以至不少茶樓都有供應蛋撻。雖然蛋撻的主要材料只有麵粉、雞蛋、油、水和糖，但各個師傅、各家食店的配方都不盡相同。蛋撻遍佈各區，你愛甜，我愛酥，構成港人愛爭論的飲食話題之一。

搓焗蛋撻，暗藏功夫手勢，整體組成的「蛋撻製作技藝」，於 2014 年列入「香港非物質文化遺產清單」，分成酥皮蛋撻與牛油皮蛋撻兩種，各有捧場食客，形成日常生活的抉擇，築成口味差異的壁壘。酥皮主要以豬油起酥，方法早見於中華飲食文化──茶樓出售的蘿蔔絲酥餅、餅店出售的紅綾酥，都用上相類的酥皮。

酥皮蛋撻的製作方法源於吉士撻，早年經由西方傳播到廣州，當時廣州飲茶風氣蓬勃，茶樓為吸引食客，要不價廉，要不大件，也有引入吉士撻作改良的。點心師傅模仿吉士撻的組成方法，用上茶樓已有的材料製作：蛋餡參考中式燉蛋的做法，主要材料是雞蛋、糖和水，也會加入牛奶；撻皮就換上傳統的中式酥皮，組合改換成為茶樓的新式點心。後來經由飲茶、吃點心的文化，流傳到香港，更成為香港的特色食物。

至於牛油皮蛋撻，蛋餡與酥皮蛋撻一樣，只是撻皮改換成以牛油搓製，因加上麵粉可以製成曲奇，所以又叫作「曲奇皮」。牛油皮蛋撻，同樣是模仿吉士撻，蛋餡改換成燉蛋的做

酥皮鬆脆，層次分明。蛋餡香滑，一口啖咬，滋味難以抗拒。

法，但保留西式的撻皮；牛油皮蛋撻在香港出現，源於茶餐廳對西式糕點的模仿。一直以來，部分酒店會設有西餐廳，以及烘焙糕點的餅房，出品的麵包和蛋糕可供零售，也可供西餐廳使用。茶餐廳參考這種配置，於旁邊開設麵包舖，或在餐廳內設置糕點工作枱和售賣處，既可零售，同時也供應茶餐廳的食客。所以如果想要吃蛋撻，外帶的可以到麵包店選購，堂吃的不妨到茶餐廳，找個位置坐下，揚手單點，外加一杯飲品，慢慢享受蛋撻時光。

蛋撻雖然於香港常見，但同時也面對不少挑戰。近年，越來越多舊式冰室和茶餐廳結業，連帶手工製的蛋撻也逐漸減少。新式的冰室上場，因應地方、人手和成本，出售的蛋撻由工場大量機製，或冷凍到店，預製翻熱，味道和新鮮程度，都不能跟現製現焗的蛋撻相比。

老式炒粉麵
生日蛋糕
各式凍品

技藝訪談

——新華茶餐廳糕點師傅　蕭亮榮

蕭亮榮師傅 1978 年入行，當時只有十多歲，至今已有四十多年製作包點的經驗。蕭師傅回憶小時候的麵包只售「斗零」一個，到後來入行，麵包賣兩毫子左右，升價不少。談到最初為何入行，蕭師傅笑說：「當時都是為興趣，加上自己好鍾意食麵包、西餅。最初返夜班，只是做麵包，後來有機會上日班，就連西餅也做」。

蕭亮榮師傅做蛋撻、包點之前，由學師做起，每日工作十多小時，沒有規定的工作時間，直至師傅說可以「收工」才下班，當然也沒有勞工假。蕭師傅當時工作的麵包舖，於附近設員工宿舍，每日工作完畢就回到宿舍休息，日復一日，從低做起，鍛煉出手藝。「最初只是洗抹用具，做『下欄嘢』，邊做邊學，師傅覺得你有能力，就可以長期做『案板』。」最初蕭師傅於麵包舖上夜班，先學做麵包，例如：菠蘿包、雞尾包、椰檳、餐包，每晚通宵達旦，為的是翌日清早就有出爐麵包供給客人；後來調到日班工作，才學做西餅。

左：蕭師傅的酥皮蛋撻，累積口碑，成為新華茶餐廳的名物。

日子有功

究竟學做包點，有沒有甚麼秘訣？蕭亮榮師傅邊搓皮，邊說：「其實這一行，邊做邊學，做的時間長，自然會有心機，出品自然好。」師傅用心製作，從中累積經驗，出品質素有保證，蕭師傅談得輕鬆，但能真正做到的，又有多少人呢？談到從前與現在，包點歲月的食物與人事，都一樣有變遷，例如酥皮用的豬油，就有不同。「以前用的本地豬油不太優質，搓皮比較

左上：酥皮材料份量講究，更要依賴師傅的經驗。
左中：水皮搓製需看天氣，配合油心的軟硬。
左下：一番功夫後，酥皮蛋撻出爐，食客難以抗拒。

難，因為不夠『硬淨』。如果雪得太硬，就好難『掠』開，會散。現在用的荷蘭豬油，好用得多。」蕭師傅憑經驗說話，用手觸碰，用腦思考，一粉一油都同樣重要。

蛋撻製作，秤量搓摺倒不難，如何從學徒到大師，總得有個人的哲學。蕭亮榮師傅在學師的時候，不會談成功，只是堅持「做到老，學到老」，當時日累積經歷，摸索出一些「蹺妙」，蛋撻就會做得好。蕭師傅入行沒多久，已經做蛋撻，邊做邊改良，摺疊歲月，貫注青春，練就今天出爐的熱燙成品。

早期茶餐廳與麵包舖相連，說明飲品與包點的緊密關係，奶茶與蛋撻是最好的例子。「茶餐廳賣奶茶，好多時都是配蛋撻。對茶餐廳來說，蛋撻是主力。」蕭師傅解釋，奶茶配蛋撻，是茶餐廳的永恆絕配。蕭師傅現時工作的新華茶餐廳，以酥皮蛋撻著名，一日可以賣出二十多、三十盤。一盤蛋撻共三十五個，簡單計算，酥皮蛋撻每日可以賣出上千個，一年至少賣出三十多萬個。從時日到年月，粗略的乘數只是保守估算，請教蕭師傅，新華茶餐廳的最高紀錄，酥皮蛋撻一日最多可以賣四十多、五十盤。

搓酥皮：油心和水皮的完美結合

蕭亮榮師傅在搓油心（通常以豬油、牛油打成）的時候，慢慢加入奶粉，沒親眼看過，外行人根本不會知道奶粉的存在。「奶粉比較『搶色』，如果不下奶粉，酥皮烘焗出來，不上色，也不會脆。」蕭師傅解釋。那算不算是個人秘方呢？「也不算，很多人都會加，我學師的時候，搓酥皮已經加入奶粉，只是當時的奶粉，沒有現在的優質。」蕭師傅憶述。

大型攪拌機持續轉動，將豬油、麵粉等材料混和成油心，看似簡單的機械操作，以前需要純粹的人手搓製，「做學徒的時候，當然沒有攪拌機，即使份量這麼大都是用手搓。以前會將

蕭師傅每天埋頭苦幹，蛋撻貫注心血，以拿手技藝跟各方來客交流。

美心月餅
美心月餅

午餐肉
罐头

上：另一位師傅提示，油心打好，要用紙皮袋封好入櫃冷藏。
下：斟蛋漿要手定，考驗碗力和臂力。
左：按皮上模，自有一套步驟，功多藝熟，演化成肌肉記憶。

材料先放入槽裏攪拌，再拿到案板上去搓。」問到搓酥皮難，還是搓牛油皮難？蕭師傅立刻回應搓酥皮較難，因為要兼顧水皮（有筋性、延展性好，作為外層包裹油酥的主體麵團）和油心（無筋性、鬆散柔軟，負責形成酥皮層次的內層麵團），時刻留意水皮有沒有筋，以及豬油是否軟身，皮油相夾，軟硬度要適中。軟硬度又跟天氣相關，夏天與冬天的搓法有所不同。

夏天炎熱潮濕，油心中的豬油沒那麼硬，所以水皮要多搓幾下，將皮搓得較硬，用來平衡，這些都是蕭師傅的經驗與講究。

製作包點，終日埋頭苦幹，心意主要靠食物傳遞。蕭師傅說：「食客知道自己的口味，有時會說我的蛋撻好吃，自己都會有些滿足感。」做好自己，蛋撻自然有捧場客，好與不好，甜或不甜，留待食客依個人口味定奪。食物吃「新鮮熱辣」最好，但也不能過快過急，全為味道與安全，蕭師傅指着盤中冒煙的蛋撻說：「剛出爐的蛋撻，太過淥口，甜味也太明顯，感覺不一樣。最好等五分鐘左右，稍為放涼，吃下去不太甜，酥皮回一回，脆口最好食。」自己即場稍等試吃，撻皮酥脆，蛋撻溫熱，小心啖吃，齒頰觸碰，是酥皮蛋撻的最佳狀態。

右：酥皮蛋撻配奶茶，是不少香港人的恆常配搭。

蛋撻不離「茶記」

蛋撻逐漸累積出歷史，成為香港的重要元素。蕭師傅停下手頭工作，分享自己的日常經驗：「一路以來，香港很多茶餐廳都以蛋撻做主力。現在仍有不少街坊，一朝早來，就是點蛋撻配奶茶，仍有很多客人不時等蛋撻出爐。」茶餐廳沖泡的奶茶、咖啡，配搭烘焗的酥皮蛋撻，飲食相依，相輔相成。食客不忘蛋撻，蛋撻不離「茶記」，「茶記」標誌香港重要的飲食文化。蕭師傅稍微垂頭，輕柔地訴說：「茶餐廳的蛋撻，對香港來說，確實是一件歷史文化的遺產，一定會繼續流傳下去。而蛋撻對我來說，簡直是『無價寶』，我入這行能賺錢，又可以負擔起家庭，這點十分重要。」

蛋撻與香港人一同經歷、成長，蕭亮榮師傅由初入行開始，一直用心製作，邊學邊做，調整口味，適應變化。蕭師傅每天新鮮焗製蛋撻，經過數十年光景，談到蛋撻的傳承，蕭師傅直言：「由我入行到現在，蛋撻一直十分流行，這個文化會一直持續，不會突然中斷，因為蛋撻是茶餐廳必備的。」

Anchor

蛋撻 | 製作過程 Procedure

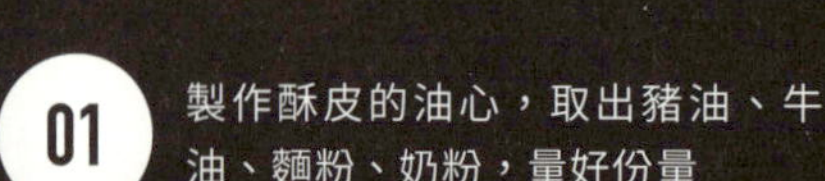

01 製作酥皮的油心，取出豬油、牛油、麵粉、奶粉，量好份量

02 將材料放入攪拌機拌勻

03 油心放入焗盤鋪平包好，放入雪櫃成形，不能太軟或太硬，全憑經驗

04 製作酥皮的水皮，取出麵粉、水、雞蛋，量好份量

05 材料放於案板，搓成麵團，依天氣調節麵團的乾濕程度，放入雪櫃備用

06 油心按壓成長方形厚片，然後放上水皮，緊貼油心表面鋪好

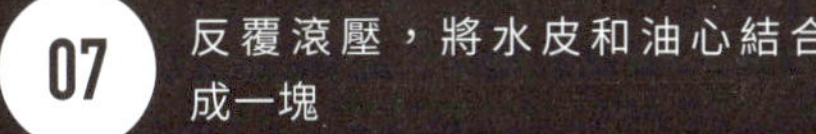

07 反覆滾壓，將水皮和油心結合成一塊

08 將酥皮左右兩層對摺到中間，然後再對摺，滾壓搓開，就完成一次摺疊，共摺疊 3 次，摺好放入雪櫃備用

Making Technique

09

準備焗時，將已經摺了 3 次的酥皮推開。這樣搓製的酥皮，水皮和油心相間，共有 192 層。按壓模具，取出圓形酥皮。

蛋撻 製作過程

Procedure

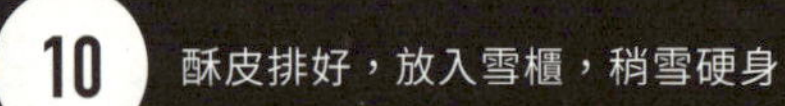

10 酥皮排好，放入雪櫃，稍雪硬身

11 取出酥皮，手沾麵粉，按壓酥皮上撻模

12 酥皮邊位，稍高平整，是蕭師傅的撻皮標準。撻模焗盤排好，一盤 35 個

13 用雞蛋、糖、水、牛奶，攪勻成蛋漿，入壺斟入撻皮

14 蛋漿多少不平衡的，用匙羹人手調整

15 蛋撻入爐，上下溫度 220 度，先焗 4 分鐘。面上色後，調到上 120 度，下 180 度，再焗 10 分鐘

16 傳統舊式焗爐，火力不平均，要憑經驗將焗盤調位，令蛋撻平均受熱

17 新鮮蛋撻出爐，整盤蛋捧經過舖面，直到店前放置出售

18 不少食客見蛋撻出爐，率先揚手點購

中華文化

「用生熟水和麵，幹開薄，或布雞、鵝膏，或布細切豬脂肪，同鹽、花椒少許，厚摻乾麵捲之，直捩數轉，按平幹為餅。」

——《竹嶼山房雜部》

酥皮多種多樣，有來自外國，也源自於中華文化。豬油起酥的麵皮，早用於製作各式餅食，如明代《竹嶼山房雜部》中「千層餅」一條提到：「用生熟水和麵，幹開薄，或布雞、鵝膏，或布細切豬脂肪，同鹽、花椒少許，厚摻乾麵捲之，直捩數轉，按平幹為餅。」食譜用上麵粉、水、豬油，反覆捲搓，再壓成酥餅，以熱鍋烘熟。水與麵粉混和就是「水皮」，裏面鋪好的油脂就是「油心」。水皮包油心，捲餅轉次，類近摺疊出酥皮層次，做法與蛋撻的酥皮極為相似。後擀平為餅，蛋撻皮就需要擀平裁好上模。

古時酥皮的運用十分多，清代《續文獻通考》記載農曆四月十七日，以「酥皮角兒」作為殿上供物。另見清代《固安縣志》「餡餅」一條，說：「按用油和麵溲，使極軟，裹以肉餡，鐺烙之，味最美，市集、廟會皆鬻（粵音：肉）。」油、麵和成酥皮，包肉餡，用平底鍋火烤。「鬻」指出售，即是人多聚集的地方，都有這種餡餅出售。

豬油與麵皮的運用，並不限於酥皮，豬油本身也可以當成餡料主角，《固安縣志》中「脂油餅」一條，提到：「按以豬油裹於麵內，使合并為圓片，置鐺上烙之，為餅餌之最美者。」麵皮包豬油，再擀成圓片，明火烘烤，是餅中最好。現代仍有以豬油製作酥餅、葱油餅，或以豬油渣作餡。

雞蛋加糖蒸製而成的食物，早見於清代，如《成都通覽》有記載「甜蛋蒸羹」一項，可惜未有說明材料和煮法。同屬清代的

《醒園錄》，有「乳蛋法」一條，食譜詳細，說：「每用牛乳三盞，配雞蛋一枚。胡桃仁一枚，研極細末。冰糖少許，亦研末和勻。蒸熟吃之甚美，兼能補益。」文中所說，是現時燉蛋的做法，只是多用牛奶，沒有額外加水。另外加入合桃粉，混和同蒸，現代反而未見出現。

食譜後續有數句補充，談到：「老人虛燥者，有痰者，加老姜汁一茶匙更妙。」「姜」是「薑」的簡化字，原有做法再外加薑汁，明顯就是現時吃到的「薑汁燉蛋」。按《醒園錄》的食譜，燉蛋無論有沒有薑汁，都有強健身體的食療功效。

中式酥皮不單用於蛋撻，中秋常吃的月餅，同樣會用上酥皮。廣東潮汕地區，以酥皮月餅著名，「潮式月餅製作技藝」於2012年，入選「廣東省第四批省級非物質文化遺產名錄」，當中的特色就是酥皮。酥皮月餅，潮汕地區又名「朥餅」，「朥」於潮汕話當中指動物的脂肪，正好說明用豬油來搓製的特色。

酥皮月餅連繫上中秋節，清代《永康縣志》已有記載：「八月十五日，製油酥月餅相饋贈。」酥皮月餅的做法，與中秋節習俗相連，《嘉定縣續志》專談「月餅」的資料提到：「以油酥為餅，實以諸餡，鏊上緩煏之，為中秋節食。民間多以相饋，小者名棋子餅，方者名方酥。」油酥可用豬油，也可用其他油來做。油酥為皮，包裹各式餡料。「鏊」（粵音：傲）是用來烘餅的平底鍋，「煏」是用火烘烤，月餅上鍋慢烘，供中秋節食用。棋子餅香港可見，通常是廣式月餅所用的糖漿皮，呈啡黃色，酥皮製成棋子餅，極為少見。現時常見的酥皮月餅，多為圓形，不見方形。

方酥的做法，可參考明代《遵生八牋》中「酥餅方」的記載：「酥油四兩，蜜一兩，白麵一斤，搜成劑，入印作餅上爐。或用豬油亦可，蜜二兩尤妙。」文中用上豬油的做法，與潮式酥皮的做法相同。

香港多見的廣式月餅，不單收入「香港非物質文化遺產清單」，更於2008年以「廣式月餅製作技藝」名義，由廣東省申報，列入「國家級非物質文化遺產名錄」。月餅餡料多樣，清代《樊山續集》談到「以綠豆沙製月餅」，現代的冰皮月餅，部分內餡仍然沿用綠豆沙。

綠豆以外，還有紅豆，《廣東通志》談到的「小豆」，就是指紅、綠豆，文中記載餡料的用法：「用小豆以製豆沙餡或豆蓉餡，尤為消流之大宗。平時以之作豆沙飽、豆蓉飽、紅餅之餡，中秋節為月餅之餡。」文中「飽」指的是「包」，「紅⊠」即是「紅綾」。豆餡平日用於中式包點，中秋節時同用於月餅。

中秋節的月餅，不單用於送禮、食用，還會用來祭祀，清代《節序同風錄》提到：「設圓几於中庭，陳月餅、葡萄、石榴、瓜、棗、柿、栗、藕、芋、橙、橘，對月祭拜以祁長生。」當中的月餅與圓月相對應。自購加上收禮，月餅很多時吃不完，明代《酌中志》談及辦法，如下：「如有剩月餅，仍整收於乾燥風涼之處。至歲暮合家分用之，曰『團圓餅』也。」中秋節如果月餅有餘，古時放於陰涼處，留待年底家人團聚時再食。現今月餅放雪櫃，保存時間較長，但確實的最佳食用日期，每家店都不同。年底會不會再吃，也不一定，因為可吃的食物實在太多了。

02

菠蘿包
製作技藝

Pineapple Bun
Making Technique

祥興咖啡室

話說非遺

從小就喜歡吃菠蘿包，包底軟熟，酥皮甜香，帶出一些稍為烘焦的甜味。小時候，屋邨有很多小朋友，早餐、小息、下午茶，都會吃港式包點，菠蘿包、雞尾包常常出現，成為一代人的飲食記憶。放學時段，樓下麵包舖常常擠滿人，家長拖着小朋友揀包，有些較年長的小學生，也入手一大袋，明顯是幫家人購買的。菠蘿包的組成說來簡單，一酥一軟，一上一下，一中一西。上層酥皮，改良自中式合桃酥，片薄鋪好。下層軟包，模擬西式餐包，揉發定型。中西混雜，在香港的茶餐廳、麵包舖創作，繼而發源、延伸，足以說明香港匯聚中西文化的飲食歷史故事。

菠蘿包的製作和歷史文化，同樣富有香港特色，一直流傳的「菠蘿包製作技藝」，於 2014 年列入「香港非物質文化遺產清單」，肯定了它的重要性。茶餐廳轉化自冰室和西餐廳，連帶模擬酒店餅房，設包點部，或在旁邊開設麵包舖。麵包舖必定有菠蘿包，供應茶餐廳，同時可以零售，迎合不同年齡和階層的食客。過去不少茶餐廳、麵包舖坐落舊區，有些伴隨新屋邨的落成而開業，都是看準日常的街坊生意，因為人口多、流量大，從早到晚，可以出爐好幾輪。回想以前想要吃包，也不一定能入手，有時街坊大手購入，學校旅行、招待親戚都變成影響的因素，打風天更會出現「搶包」的情況。或者到店的時機不對，上一盤賣完，新一盤未出爐，要不詢問出爐時間，門外等等，要不到街市先買魚買肉，轉頭再回來碰運氣，種種都是菠蘿包連帶的成長點滴。

茶餐廳的菠蘿包，外賣、堂食一樣受歡迎。

菠蘿包後來演變出分支，早期的有菠蘿油，後來還有厚切牛油、冰鎮牛油的版本。製作時可包入叉燒餡、紅豆餡，味道更多層次；加入拉絲芝士、流心朱古力，是與潮流碰撞的成品。或者可以將菠蘿包，當成漢堡包的上下兩層，夾入煎蛋、炒蛋、火腿、芝士、番茄，凍吃還可以加入各款雪糕，能吃出另一種感覺。從傳統到創新，菠蘿包一方面要維持已有的食客，另一方面希望吸引新一代欣賞，從多方面延續香港菠蘿包的傳統，發揮菠蘿包的可能性。不過，隨着香港人口味的改變，加上有更多包點款式選擇，在整體飲食文化變遷之下，舊式茶餐廳和麵包舖相繼結業，能夠接觸菠蘿包的機會越來越少，形成供、求同時減少的情況，逐步陷入愈催低迷的惡性循環。期待有更多新舊食客，投入菠蘿包的元宇宙，細意品嘗，感受菠蘿包蘊含的製作技藝。

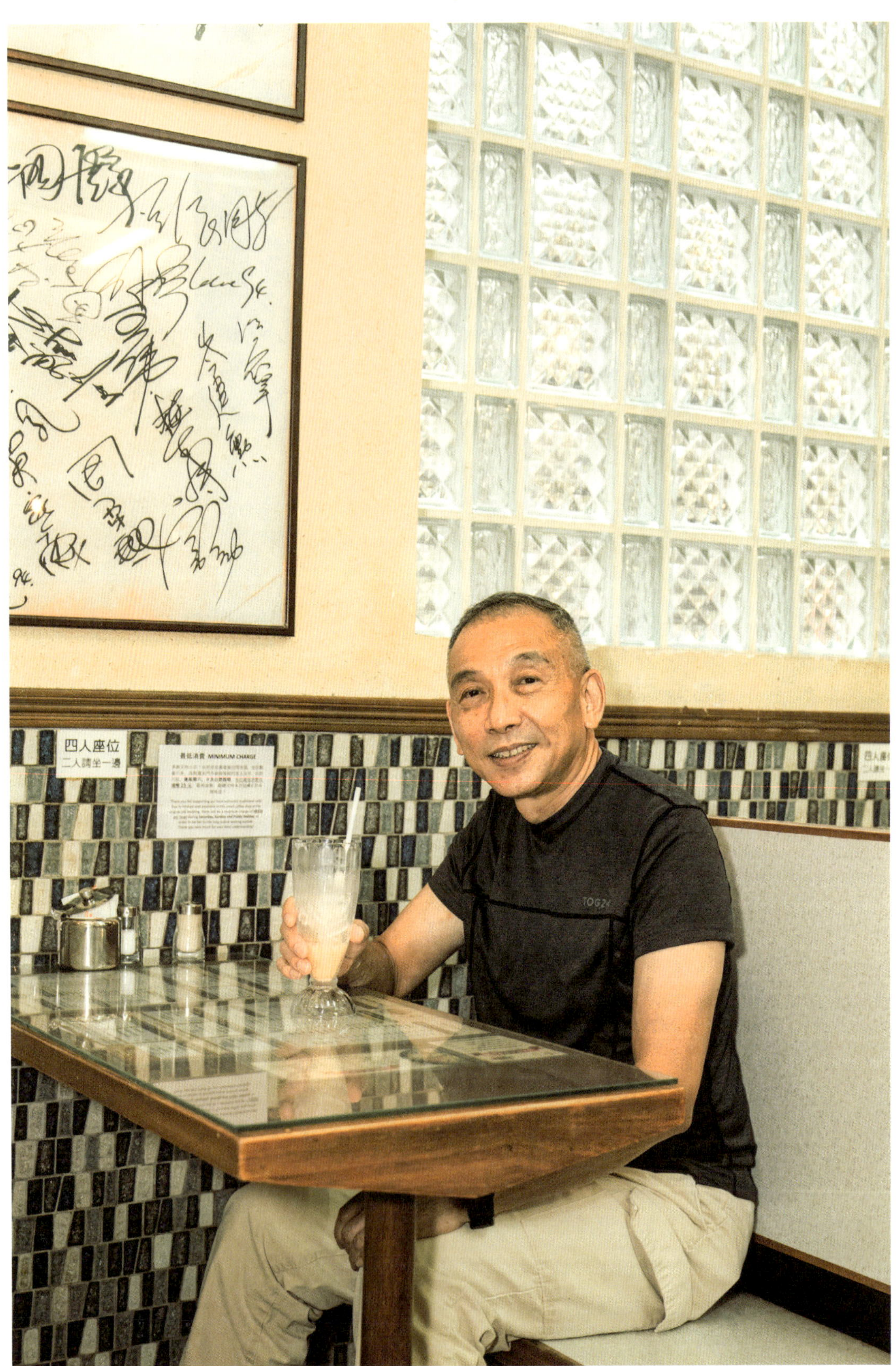
四人座位
二人請坐一邊
最低消費 MINIMUM CHARGE

技藝訪談
——祥興咖啡室主理人 James

追尋祥興歷史

電車途經馬場，轉入跑馬地總站，街坊如常上落。循城和道走一段，對岸舊樓地下，就是祥興咖啡店。舊舖、舊磚、舊陳設，保留舊式茶餐廳氣氛，閒坐卡位，細看牆上明星簽名，來杯奶茶配搭菠蘿油，吃出另一番味道。祥興咖啡室 1951 年於奕蔭街開業，問及相關的歷史，老闆 James 肯定地說：「真的是 1951 年，是由我找出來的，我十多年前開始接手，覺得要整理祥興的歷史，設計 logo。所以專程到屋宇署，找當年這棟樓的地面圖側，看到 1950 年由住宅改造成祥興，1951 年裝修，同年開業。」追尋祥興歷史，不單單為記錄、宣傳，同時反映 James 喜歡舊事物的一面，他看了看桌面的餐牌，指了指門外的 logo，說：「『祥興咖啡室』這幾個字呢，從外面看過來，就能看到我的堅持。咖啡室的名字是由右至左排列，所以設計 logo 時，都一樣打橫，由右至左，保留特色。現在看到一些商號，中文是由右至左的，歷史都不會短。」歷史每每藏在細節，細節能被發現，甚至保留再用，是 James 獨具慧眼，同時身體力行，展現對歷史的尊重。

祥興始於 1951 年，屬於香港早期的茶餐廳，當年喚作「咖啡室」；同年開業又能保留到現在的「茶記」，祥興很可能是唯一，其他的都已經沒再經營。James 是祥興的第四代老闆，他強調每一代都不是「世襲」的，2013 年上手老闆不想再經營，James 有興趣接手，就到店商談一番。言談間，上手老闆知道 James 認識舊事、了解舊物，也希望 James 接手

左：祥興老闆 James 喜愛舊事物，店內一磚一畫的歷史故事，他都能夠娓娓道來。

祥興咖啡室
新鮮餅食 香濃咖啡

新鮮餅食 香濃咖啡
落地扎根快活谷
祥興・物語
ZHONG YI GUAN

祥興・物語

左上：門外招牌文字，由右至左，是往時中文的書寫方法，富有歷史意義，亦是老闆的執著。
左中：「新鮮餅食，香濃咖啡」，多年來祥興的餅食和飲品，都得到跑馬地的街坊支持，當然還吸引喜好賽馬活動的人士。
左下：二〇二四年是祥興的七十三周年，同期開業的咖啡室已所餘無幾，祥興很有可能是唯一。

經營，James 詳細回憶說：「上手老闆說：『你肯接，其他事可以再談，不過要應承一件事，要保留外面的招牌。』我自己都喜歡這個招牌，一時衝動跟他說：『我不會將祥興變成連鎖店！』上手老闆回應：『咁就得啦！』」James 笑言自己就這樣「落疊」；接手祥興轉眼十年多，逐漸執整一些舊東西，「當時明星簽名的紙，是直接貼在牆上，沒有用相框裱起，現在看到的都是真污跡，後來我慢慢撕下來，再慢慢裱起。我接手的時候，『茶記』都要談上市，上一手不太珍惜這些東西。」James 如數家珍，說有些簽名易認，有些比較個人化，他聽朋友說，這裏有已故明星張國榮的簽名，確實有不少粉絲會特意來看看。

James 刻意保留祥興的舊物，為茶餐廳，為個人興趣，亦無形中為香港留下歲月的印記；他走到另一邊，介紹牆上的木門，還印着六位數的電話號碼。「木門是早期留下來的，字的油漆都掉了。我接手的時候是個頂頭櫃，櫃要拆掉，但我就保留櫃門。」James 邊環視邊談歷史，轉頭指向旁邊的牆，指不少牆磚都是以前遺留下來，剝落破掉的牆磚，已經無法找到同款替代，就如一些老店一去不返。James 提到，以前的咖啡室，會出現在上環和跑馬地，跟當區的富裕人口有關。「跑馬地有馬會、馬場，出入的大多都是相關人士；很多人忽略了上環，上環有米行、海味行，海運業蓬勃，上環的商人其實很有錢，有人說他們的現金，比中環的商人還要多！這就引證了，當年比較平民的、又叫作『咖啡室』的食店，落戶的地區都比較富裕。上環的『海安』已經 closed，十分可惜，現在只剩下我們。」James 逐步重溯以前的片段。

重構菠蘿包

James 接手祥興，不單重置舊物，還重構店內的菠蘿包。

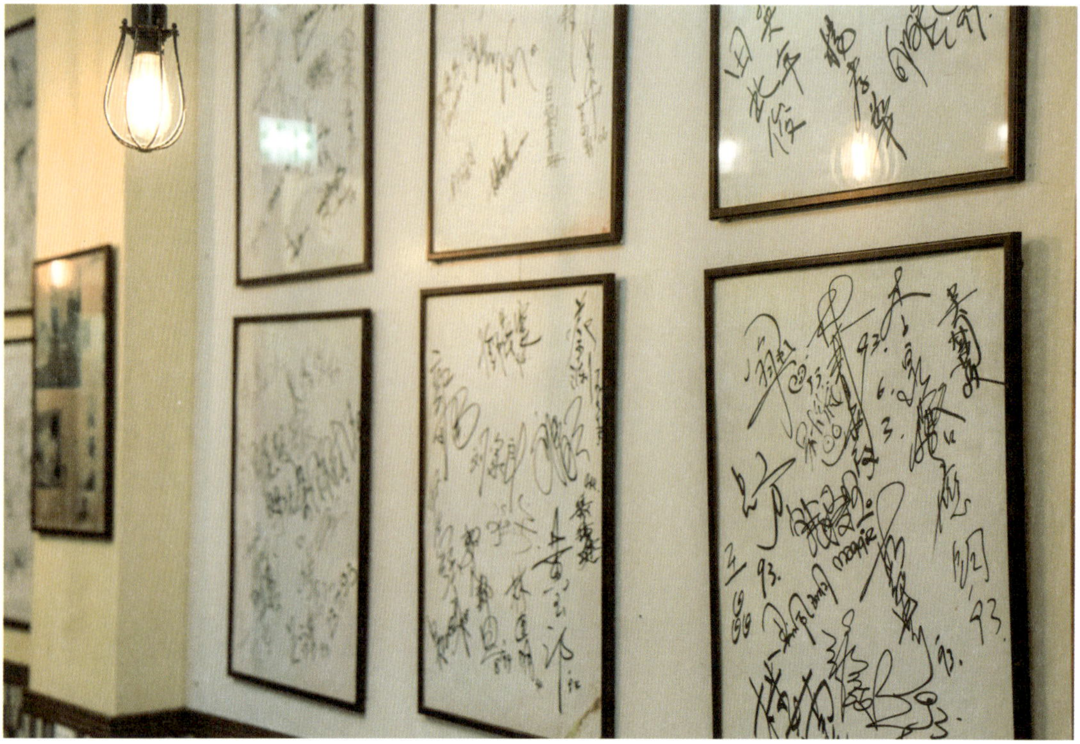

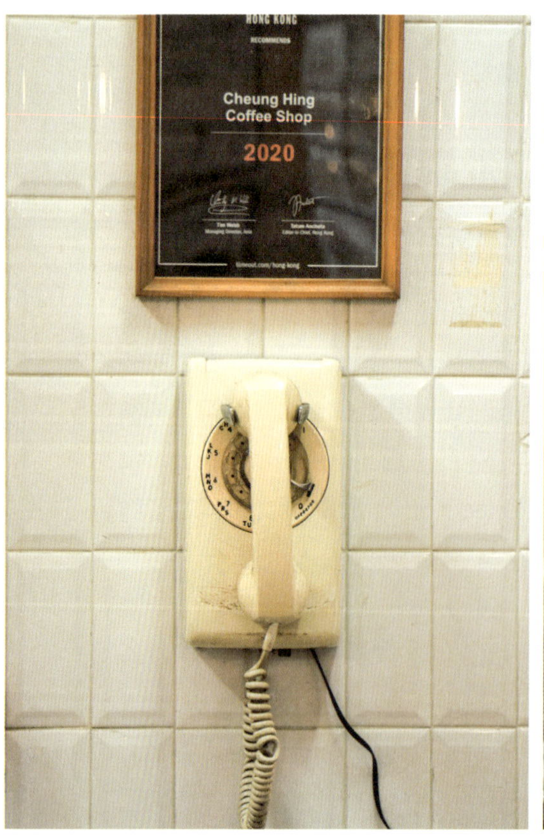

HONG KONG
RECOMMENDS
Cheung Hing
Coffee Shop
2020

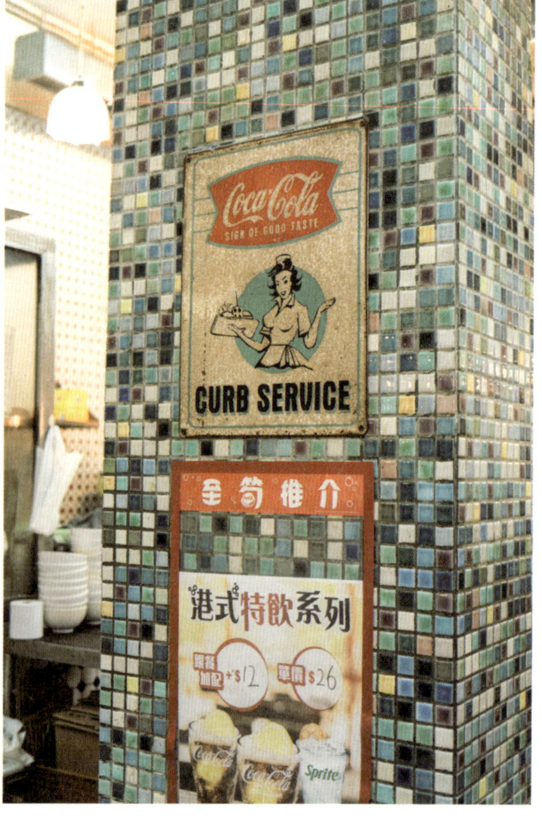

Coca-Cola
SIGN OF GOOD TASTE
CURB SERVICE
全筍推介
港式特飲系列
跟餐加配 +$12
單價 $26
Sprite

左上：不少名人在祥興簽名，你又認得多少個？（圖中不難發現已故飲食名家蔡瀾的簽名，而很多粉絲關注的張國榮簽名，位於前頁 James 坐着位置的上方）

左下：祥興店內有不少舊物，部分一直存在，並非刻意添加。如撥輪式電話機，以及可口可樂宣傳品。

右上：祥興舊時的報道，看食客的髮飾，已經甚具年代感。

右中：老闆 James 接手時，特意留下這對木櫃門，留意那電話號碼，仍是六位數字。

右下：店中部分瓷磚，從以前一直保留，已經無法找到補充替換。

為了解更多，James 到過不少傳統老店和「茶記」名店，親自品嘗各家出品，卻發現未算有太多特色，他解說：「有些『茶記』和祥興一樣，都有悠長歷史。我只不過在思考，如果傳統做法的菠蘿包，製作出來的效果其實不算特別好，麵包太實，談不上很好吃，那麼祥興的出品，可不可以有些特色？」James 續說，有些「茶記」近地鐵站，人流多，是地利的優勢；反觀祥興位處跑馬地，地鐵到不了，只有電車，地理位置無法跟別人相比。「唯一辦法，就是在產品方面超越他們。我先開始思考，再慢慢跟師傅商量，說不能再默守成規。我要保留菠蘿包的傳統外貌，但底下的麵包不能用紙托，要做到自然、鬆軟。」James 收起笑容，嚴肅地談及對菠蘿包的要求。他指出師傅焗包要用紙托，是因為麵團的發酵，以至配方、用料或技藝都不行，所以要靠紙托來黏實麵包，不至於烤焗後一旦放涼，麵包下陷得太明顯。

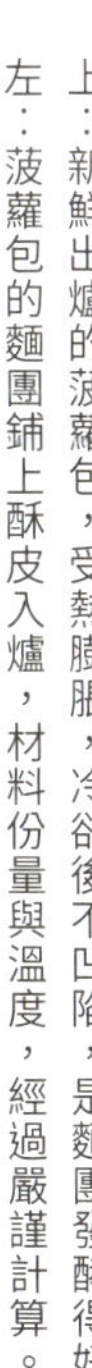

上：新鮮出爐的菠蘿包，受熱膨脹，冷卻後不凹陷，是麵團發酵得好的效果。

左：菠蘿包的麵團鋪上酥皮入爐，材料份量與溫度，經過嚴謹計算。

James 進一步細指：「菠蘿皮，要有酥皮的感覺，不能做到酥脆，就會硬實，一咬下去會變碎，所以酥皮不能『偷雞』，要用傳統做法。但麵包製作就要加入新方法，譬如轉換發酵方法，我投資買新機器，發酵不用再等一晚。麵團發酵得好，就不用紙托都會一樣鬆軟。」傳統酥皮加新式麵團，併合起來，就是祥興菠蘿包現在的效果。James 堅持菠蘿包即日鮮製，不會『過夜』，但有時出品數量會受顧客的影響，「製作的數量很難控制，有時菠蘿包很早售完，有時反而做得太多。麵包有剩，就給員工拿回去。有些地方我們要妥協，不會盲目追求別人的技術，也不羨慕他人。預計數量是有難處，但永遠都要以質量先行，這是我們一直的堅持。」

不同款式的菠蘿包，隨侍應在店內穿梭，奉到人客桌上，當中最傳統的一款是菠蘿油，牛油已夾在包裏面。James 說，菠蘿油最高境界，是菠蘿包夠熱，裏面的牛油是溶的，牛油不用另上給客人，若隨後才夾入包內已是另一回事。祥興的菠蘿包不單是主角，還可以配搭不同食材，例如夾入沙嗲牛肉、豬

左：菠蘿包夾鮮牛油，牛油自然融化，油香口腔滿溢。

扒等材料，James 指看餐牌補充：「既然我們的菠蘿包做得好，有客人欣賞，就可以擴闊一些，即是當成漢堡包的做法，譬如夾火腿、餐肉，夾手打牛肉也試過！」傳統加創新，擴大菠蘿包的口味和可能性，關鍵是先做好菠蘿包，再加入其他元素。

飲食需要連繫地方

談到菠蘿包的改變，James 回想起，1960 年代跟爸爸到茶餐廳吃包，有分「菠蘿包」和「酥皮包」兩種。「酥皮包」即是現在香港所見的菠蘿包，而另一種外皮真的做成菠蘿一樣的就叫做「菠蘿包」，James 雀躍解釋：「台灣賣的菠蘿包，就真是這種菠蘿皮，很像菠蘿，一粒粒的，像菠蘿一樣硬，即是糖份要很重，不太健康。香港曾經有，不過現在已經不見。」所以菠蘿包真的有個更像菠蘿的版本，不過據 James 憶述，很早期的酥皮包，已經佔用菠蘿包的名稱，初代的菠蘿包慢慢沒有人做，可能是因為菠蘿的凹凸硬皮太難製作，慢慢就約定俗成，變成現在菠蘿包對應的外貌。「我覺得其實是好事，就算小時候的我，都是喜歡吃酥皮包。舊式菠蘿皮雖然像菠蘿，但外皮太硬。」James 對現在的菠蘿包，從小就情有獨鍾，結下不解的美味緣分。

緣分不單連起食物，同時關係到地方。James 接手祥興，更多接觸跑馬地，同時想起相關的兒時點滴：「我與跑馬地其實有個情意結，當年小時候不能入馬場，看着馬夫牽馬晨操，隻馬真的很高，哈哈……心想甚麼時候有機會可以騎馬。那個時候，跑馬地對我一個區外人來說，是一個 secret place，一個好神聖的地方。」James 進駐祥興，跑馬地的街坊變成日常接觸的食客，他眼看到的東西，隨年月和位置有所轉變。「到馬場一定是『睇馬』，加上晨運跑步、做運動的街坊，都會來祥興吃東西，以前也有不少在附近做銀行、地產的人來吃 Lunch。還有一些熟客，要求特別高。家住山上面，司機在外面等，太太入來坐低，飲杯奶茶、食件蛋撻。」跑馬地沒有地鐵，祥興接觸到的客人，明顯受地區影響，更容易與跑馬地這地方串連起來。

地方結合餐廳和飲食，盡量保留昔日的味道與情境，從整體去保育和傳播文化，對 James 來說，似乎是更有效的做法，他明言：「飲食文化傳承其實十分依賴所謂 total package。即是如果將祥興的菠蘿包，放到新式連鎖店，食客會覺得好味，但不可能感覺到背後的傳統、傳承。現在祥興的 total package 就能相輔相成，店舖本身就是歷史，灌注七十年的歲月，見證我們真正的歷史傳承。」James 認為地方的保留十分重要，再配合相關飲食，緊扣相連的組合更能吸引不同客人，用實際的多重觀感訴說「茶記」的歷史故事。

祥興的硬件、軟件都配合好，傳承的工作其實早就展開，菠蘿包的改良更是重要的一環，James 提到：「有一次，我的會計師用 AI 幫我 search，祥興都是 Top5；AI 的 feedback 告訴我們，一直做的方向是對的，所以我們一定會堅持落去。菠蘿包提升了口感，做到有傳承、有進步，不是墨守成規，這才是我覺得真正 proud of 的地方。」個人思考之餘，James 一再強調製作技藝的重要性，指師傅要執行創新的想法，靠的是成熟的手藝。James 能夠放心，是因為師傅沒有放棄或改變傳統手藝，遂能成為 James 靈感的實踐者，同時是祥興麵包製作的靈魂所在。

右上：菠蘿包酥脆軟綿的口感，俘虜不少食客的腸胃。
右下：菠蘿包出爐，引發食客揚手加點。

扎根日常，訴說香港故事

從啖吃到改良，James 見證菠蘿包的演變，同時伴隨香港一同成長。「菠蘿包能夠展現香港飲食的文化和歷史，對應香港的變化，因為菠蘿包一路以來，都在演變當中。由我『嚫仔』的時候，1960 年代還有『酥皮包』與『菠蘿包』之分，當

年我在旺角一間茶餐廳吃過酥皮包，可想而知，脆皮包當年有多 typical。後來『酥皮包』變成『菠蘿包』，見證香港社會的轉變，大眾開始變得富裕，不時出外旅遊見識，吸收外面的文化。」人生高低起跌，不少飲食出現於當中，緊記滋味的，捨棄難吃的，但撇除口腹慾望過後，哪種飲食可以對照人生，選擇和原因各人不同。James 提起菠蘿包，能從兒時的旺角，談到現在的跑馬地，話語之間，展示了菠蘿包藏於日常的角色，同時說明菠蘿包伴隨香港人的重要性。

James 稍作回顧：「菠蘿包本身屬於平價包，但平包有平包的做法，在吸收好的元素之後，可以融合和提升，這就是令我感動的地方。香港也一樣，由落後的漁村，逐漸起飛，由工業發展到地產，變成真正富裕的地方。菠蘿包的演變，好能夠代表香港本身，它仍然是 Humble Food，沒有加入名貴食材，只是用本身的製法，來呈現自己的優點。」菠蘿包說穿了，就是酥皮加麵團，製作的材料簡單，但混合的比例、搓發壓片的技藝，需要反覆的練習，加上經驗的累積。菠蘿包看似普通，單製已成學問，配餡考慮更多，滿足個人，扎根社區，串連起 James、祥興和跑馬地的香港故事。

下：祥興的菠蘿包，堅守傳統手藝，融合新方法，正是「堅守不懈，精益求精」。

左：炎炎夏日，菠蘿包加杯凍奶茶，是最對味的配搭之一。

菠蘿包 | 製作過程

Procedure

01 麵團材料有麵粉、糖、雞蛋、油、酵母，放入打粉機攪拌均勻，稍微發酵，就分成細份搓圓，放入焗盤。

02 酥皮材料有麵粉、糖、油、豬油，用機器攪拌，再用片刀切細

03 用片刀推壓成圓塊

04 酥皮大小厚薄要適中，展現師傅的功力

05 將酥皮貼上麵團表面

06 將雞蛋打成蛋漿，先掃一次，等兩、三分鐘，待酥皮稍為吸收

07 再掃第二次蛋漿，酥皮會爆得更好，不會太散

08 入爐焗製二十分鐘

「核桃肉退去皮者一斤，剁碎，入蜜一斤。以爐燒餅一斤為末，拌勻，捏作小團。仍用酥油餅劑包之，作餅，入爐內燒熟。」

——《遵生八牋》

菠蘿包的酥皮啡黃酥香，實際改良自中式的合桃酥。小時候餅店與雜貨店都有合桃酥出售，有大有小。常見的還有光酥餅、嚤囉酥，都是可以先入手，回家置放一段時間，留待早點或下午茶時段，是方便取用的甜食。合桃酥主要的食材有麵粉、雞蛋、糖、豬油，再外加各家秘方的其他材料，甚或加入現代烘焙糕點的材料，混搭成類似曲奇的酥餅。

合桃酥富悠長的歷史，製作技藝代代流傳，餅家出品各有特色。2020 年，列入「澳門非物質文化遺產清單」的「唐餅製作技藝」，當中就有合桃酥，另外還包括杏仁餅、花生糖、老婆餅、光酥餅、雞仔餅等食物。不少食物的歷史，古籍早有記載，以花生糖為例，清代《廣東通志》就提到：「粵東對於脂麻之用途，以其子味芳香，將其炒香撒佈於各種食品，以增加其香味，或以糧調和而壓實為脂麻糖，或以花生及糖調和而成脂麻花生糖。」「脂麻」指的就是「芝麻」，炒香後可加入不同菜式，如涼拌海蜇、雞絲粉皮，也可以混和五穀，做成芝麻糖。芝麻花生糖有軟有硬，現在仍然常見。

合桃又稱作「核桃」，古時已用來製餅，明代《遵生八牋》有「復爐燒餅法」一條，談到合桃的運用，說：「核桃肉退去皮者一斤，剁碎，入蜜一斤。以爐燒餅一斤為末，拌勻，捏作小團。仍用酥油餅劑包之，作餅，入爐內燒熟。」合桃肉去皮剁碎，混入蜜糖作餡。外皮重用烤好的燒餅，弄碎重搓，包餡入爐烘熟。明代小說《儒林外史》也提到，用「上好的蜜橙糕、核桃酥」來招待客人，可見巧製的核桃酥餅，奉客毫不失禮。

清代《養小錄》談到「核桃餅」，實際是合桃加糖壓成餅，製作過程也用到米，不過用途有點特別，文中提到：「胡桃肉去皮，和白糖搗如泥，模印，稀不能持。蒸江米飯，攤冷，加紙一層，置餅於上。一宿餅實，而江米反稀。」合桃肉研磨後滲油，印模成形難乾。用紙相隔，上置冷飯，是用來吸收油份，令餅更易乾燥便攜。清代小說《後紅樓夢》提到「合桃酥蘑菇素餡的」，香港常見的合桃酥大多沒餡料，或混入合桃肉、欖仁，或以芝麻點綴。現見合桃酥有以桂花、肉鬆、抹茶作餡，都是加添現代創意，反而未見蘑菇素餡的合桃酥，期待有天，可以研讀文化，人間重現。

非遺對讀・燒餅

中華飲食文化中，烘烤餅食的類別很多，燒餅是常見的一種。燒餅二字，從粉團到餡料，各地各處，各家各人，都可以自由組合，建構地方特色與個人口味。香港傳統糕點舖，出售的燒餅以糯米粉作皮，軟糯溫潤，以豆沙或奶黃作餡。用麵粉烘烤成的燒餅，在香港的京菜、滬菜餐廳比較多見，有密封包餡的，有開口添料的，配鴨鬆，加羊肉，同樣滋味。燒餅組合，五花八門，各有秘方和功夫，累積成的「燒餅製作技藝」，於 2008 年與 2021 年，分別由山東省淄博市、浙江省麗水市縉雲縣，申報納入「國家級非物質文化遺產代表性項目名錄」。

北魏《齊民要術》有「作燒餅法」一條，提到：「麵一斗。羊肉二斤，葱白一合，豉汁及鹽，熬令熟，炙之。麵當令起。」燒餅用麵粉烤製，另配餡料，用羊肉加葱白，調味慢煮，軟熟再烤，配用燒餅夾食。明代《遵生八箋》有「白酥燒餅方」，包糖甜吃，做法如下：「麵一斤，油二兩，好酒醅作酵，候十分發起即用，揉令十分似芝麻糖者。如前法，每麵一斤，糖二兩，可做十六個，熯。」「酒醅」是未過濾的酒，包括酒和酒糟，添油加入麵團發酵，搓得光滑柔軟。「熯」即「烘烤」，麵團包糖烘烤，清代《杭俗遺風》記載「糖燒餅」，承自這種做法，現在仍有製作這種甜燒餅。

《遵生八箋》另有談到「光燒餅方」，說：「燒餅，每麵一斤，入油兩半，炒鹽一錢，冷水和搜，軲轆捶研開，鏊上煿待硬，緩火內燒熟用，極脆美。」「軲轆」有滾動的意思，即用擀麵棒推開。「鏊」是烤餅的平底鍋，「煿」指烤乾，將麵皮放鍋烤乾脆，單吃或夾餡皆可。元代《居家必用事類全集》談「燒餅」，與清代《養小錄》說「光燒餅」，食譜記載，都是承自明代《遵生八箋》，可見燒餅的製法隨時代不斷傳承。

清代《清稗類鈔》記「燒餅」一條，概括古代燒餅多元的做法：「餅，麵餈也，溲麵使合併也。有曰燒餅者，最普通，南北皆有之，而又最古。蓋見於《齊民要術》，所引《食經》有作燒餅法也。或有餡，或無餡。無餡者亦鹹。其表皆有芝麻，烘於火，略焦。」文中談到燒餅以麵粉製，現見有用糯米粉製的。燒餅有餡、無餡的製法，流傳至今，至於芝麻，於古代與現在都不一定添加。

03
港式奶茶製作技藝
Milk Tea
Making Technique

合利（洪記）茶餐廳

話説非遺

茶餐廳有「茶」字，説明飲品的重要，而當中最具代表性的，要數到奶茶。奶茶於世界各地不少地方都有，各有用料、製法和味道，既然奶茶是全球性的，就需要加上「港式」來區分。奶茶加上「港式」，是標明香港製造，富本土特色。平日到茶餐廳點奶茶，就是「港式奶茶」，因為茶餐廳本身就是香港飲食文化的重要標誌。如果在台式食店或印度餐廳，當中的奶茶就會跟隨當地特色，或加珍珠，或加香料，喝出奶茶的不同味道。

港式奶茶伴隨香港人成長，小時候吃蛋撻，年輕時咬菠蘿包，工作時吞三文治，都適合搭配一杯奶茶。有人一天幾餐，都有奶茶相伴，所以茶檔老師傅有沒有上班？還是換了新員工？也可能是師傅今日心情不佳？茶客單從奶與茶混合的細緻味道，已經可以找到答案。製作奶茶講究手藝，茶葉溝調依靠經驗，奶茶沖撞全看技巧。2017 年「港式奶茶製作技藝」，列入「香港非物質文化遺產代表作名錄」，茶檔師傅雙手變化出奶茶，混合出日常的歷史與文化。

港式奶茶，無疑受到英式奶茶影響，但文化、材料、模式流傳到香港，自然會因為價錢、方式、口味等因素，逐漸衍生在地的變化。英式奶茶，為每位顧客奉上專用茶壺，放入單一品種的茶包或茶葉，待茶泡好，由侍應負責斟茶；港式奶茶，茶壺轉移到茶檔師傅手上，多款茶葉構成秘方，茶包換成茶袋，待茶煮好，由師傅撞茶到杯中。由侍應多次斟茶、注水，轉換成師傅一次的沖製，省卻服務成本和大量用具。

一杯奶茶，喚醒多少香港人的早晨。

港式奶茶有「溝茶葉」的做法，有說是源於碼頭，苦力搬運大包茶葉時，漏出不同品種的茶葉。碼頭的茶檔師傅，收取累積得來的多種茶葉，混合起來煮茶添奶，製成最初始的港式奶茶。直至現在，部分茶檔師傅仍保留「溝茶葉」的習慣。是的，港式奶茶需要煲煮茶葉，茶味濃郁，而厚重的淡奶正好能夠相配；沖撞出來，濃香絲滑，考的是師傅手藝。英式奶茶沖泡茶葉，茶味較輕，更多搭配牛奶，多少掌控於顧客手中。

港式奶茶切合「茶記」「快、靚、正」的哲學，迎合香港人急速的節奏，將英式奶茶的處理程序簡化，而且掌控於師傅手中，不被顧客的節奏和習慣影響，顯現由慢到快，主導權從顧客手中轉移到師傅手中的改變。至於師傅的流失或離去，令奶茶的味道多少轉變，正體現「港式奶茶製作技藝」的重要性。

技藝訪談

——合利（洪記）茶餐廳主理人朱焕洪

茶餐廳的主力崗位：茶位

經過屯門藍地大街，走入「合利（洪記）茶餐廳」（下稱「合利」），老闆朱焕洪在水吧提起茶壺，一提一拉，一杯「茶記」奶茶隨即撞好，等待侍應出餐。朱老闆 1985 年入行做飲食業，今年剛好四十年。朱老闆回憶，入行純粹是機緣巧合，因為當時香港「搵食難」，做茶餐廳「有餐食」，比較能「慳到錢」。朱老闆最先是到快餐店工作，做滿三年後，發覺快餐店的飲食品項不太多，就轉到茶餐廳工作，一做三十七年。入行最初，朱老闆只是「執頭執尾」，先學好基本功，慢慢累積經驗，晉升到茶檔崗位，負責沖製飲品。朱老闆早有準備於茶檔發展，原因簡單，是「位」以罕為貴，他說：「因為茶餐廳最少崗位的就是『茶位』，當年來說，茶餐廳最主力的位置就是茶位。杯奶茶好飲，一定會吸引到客人。茶餐廳是以奶茶為靈魂。」奶茶吃香，一位難求，若同場年輕同事要晉升，會不會很多人爭「上位」？朱老闆確切回應：「茶位這個崗位，一定多人競爭，所以要憑你自己的努力，才能爭取到這個位置。」要沖得一杯好茶，於用料和技藝之前，朱老闆先下決心，再憑努力，打入奶茶的世界，用心態，決定味道。

沖製奶茶，有心學，並不等於能夠學，因為「學」始終需要老師指點。飲食行業，是煮食和「搵食」的地方——食客「搵食」，廚師同樣靠一手絕活「搵食」，秘訣手藝，不容易與人分享，朱老闆談到：「我這一行，有句『教識徒弟無師傅』，教識你，我隨時就要『起身』（失業）。通常師傅『揸』住茶位這大

左：朱焕洪師傅反覆嘗試，只為併配出合心水的茶葉秘方。

位，他就不會教你，只能夠靠自己聞一聞，寫一寫，留意師傅怎麼做得好。」師傅怕手藝一傳，連工作都要拱手讓人，所以「師徒制」算不上名副其實。不過，茶檔師傅總有不在餐廳的時候，這就容許其他人「上位」幫手沖茶。「首先要沖杯茶給師傅試試，他認為 ok，你就可以頂位。『我落場，這兩小時，你頂吧！』『我今天不舒服，不回來，你可以頂我個位。』」朱老闆邊做邊學，捉緊機會，取得師傅認證，慢慢可以跟隨師傅的身影，逐步實際操練，鍛煉自己的功夫。朱老闆回憶時，忍不住笑說：「總之求神拜佛，師傅最好多些不回來，之後我就可以多練習。最好跟到有料又懶的師傅！雖然工作是增多了，但『埋位』的機會也多了，經驗就可累積。」

獨門茶方

功多藝熟，奶茶手法不外「泡煮拉撞」，練得爐火純青，已經不容易。師傅看得起，是會教基本功，但奶茶不單止手藝，更重要的是茶葉配方。茶檔用的茶葉，師傅早已備好，作為徒弟的朱老闆只是幫手沖，茶方完全不會知道。「最重要是茶方，永遠都屬於師傅的，『無得出街』，望都無法望，師傅要不

上：撞茶考驗手藝，一提一撞，帶入空氣，茶更順滑。
左：秘方採用五種茶葉併配，色香味俱全。

躲在士多房溝茶，要不等我們下了班，自己 OT 溝茶。」朱老闆解釋，溝茶十分秘密，偷看都沒機會，即使知道茶葉品種，比例也永遠是個謎。

茶方跟隨師傅流動，師傅一轉，茶味就不同。朱老闆的茶方，同樣是自己併配，回想當年，收工後，自己逐條方、逐隻茶嘗試。問到溝茶會用到幾種茶葉，朱老闆說，三、四種也有，他自己是用五種，因每種茶葉的性質不同，他進一步提到：「有種茶出茶色、茶香；有一種出茶味，但沒甚麼顏色；有一種就茶色、茶味都兼顧到；還有一種，不可以下太多，類似藥引一樣。」茶名快速飛過，即使記住，也不會知道比例如何。說五種茶葉各有特色，只是簡易說明個大概，要了解每隻茶的性質，必需逐一嘗試，澀口、順口、味道、顏色都要先一一了解，才去組合和配搭。

茶方初步配好，還要經過微調；找人試味，就得靠光顧的食客──預先溝好少量茶葉，翌日額外沖出來奉客。「客人點奶茶，先給他一杯平常的，我再多沖一杯新茶方的，免費給客人試，聽客人的意見。」朱老闆細聽意見，再作針對性的調整，經過一年時間，最終調製出最滿意的茶方，一直用到現在。整個奶茶製作的過程，朱老闆認為，「茶」是最難的部分，因為要講求併配的斤兩比例，要做到自己對味，十個、一百個客人都認為對味，才算是可以接受，「因為茶併出來，不是給自己飲，而是給大眾飲。」朱老闆指出，奶茶最後還是要切合大眾的口味，背後嚴謹的滋味組合，朱老闆早就用歲月來反覆驗證。

一條茶方用上幾十年，布袋拉伸，茶跡不褪，見證奶茶在茶餐廳的重要性。「今日來說，一杯奶茶，佔整間茶餐廳收入四至五成，如果是以前，起碼佔七至八成。」不少人每日到茶餐廳，就是為了飲奶茶，因為「唔飲唔舒服」，總像欠缺了甚麼。以前飲品選擇沒有現在豐富，奶茶賣得較多，朱老闆回想，以前最高峰一日可以賣超過六百杯，現在一日最多賣三百杯左右。單從數量的減少，大概可以推測香港人的口味改變，以至飲食文化的變遷。

右上：撞茶需來回數次，同時注意茶色及茶香。

右下：瓦杯中先添淡奶，茶撞進杯中，模糊茶與奶的界線。

傳承第二代

無懼時日變遷，香港仍然有茶餐廳，茶餐廳仍然有奶茶，茶香奶滑，銘刻香港飲食文化的一項特色。「奶茶屬於香港飲食文化，是香港獨特的非物質文化遺產。由我入行到現在，港式奶茶是其他地方無法取代的，不論是製作、味道。」朱老闆入行多年，見盡奶茶相關的人情、故事，有遠近，有聚散，心境或有不同，但自家奶茶的秘方和水準，總希望能夠持續不變。「奶茶的傳承，其實十分重要，既然自己在香港立足，當然希望香港文化能夠傳承下去，亦希望我的奶茶有人幫忙傳承下去。」朱老闆訴說時若有所思。

技巧能不能傳承，涉及人事等多項因素，甚至可以說是靠「彩數」，近年朱老闆的兒子回店幫忙，逐步接手茶餐廳事務，

不離學習父親一手好茶藝。談到傳承，兒子學習沖製奶茶，朱老闆露出安慰的笑容，輕聲說：「他的功夫已經差不多，他的奶茶已經有我的八、九成。」追問還有甚麼欠缺？朱老闆笑得開懷，接續補充：「爸爸永遠都不會滿意，即是永遠都有少少進步空間。平心而論，他的茶已經 ok，只是間中有些不穩定。看茶色、聞茶味，還未夠通透，唯獨是經驗還差一點。」朱老闆傾囊相授，對兒子也有極高要求，希望自己的多年心血，可以一點一滴，依隨生活延續下去。

「合利（洪記）茶餐廳」坐落屯門藍地大街，觀照街坊與遊人的流動，見證香港飲食文化的變遷。

欣賞這杯好奶茶

朱老闆親力親為，沖茶備料、招呼叫貨，打點茶餐廳的同時，一心以最好的奶茶奉客；食客能欣賞，已為文化傳承出了力。「沖到一杯好奶茶，保持到水準，就能留住一班好的客人，就可以做到傳承。不少街坊搬離這區，一有時間都要來『合利』，尋找以前的味道。」朱老闆邊說邊環顧周邊的客人。奶茶用心製作，當然希望有懂得欣賞的客人，朱老闆談到，客人來飲奶茶已經很好，如果能夠先聞茶香，再慢慢細味，就更加能夠欣賞奶茶的優點。奶茶不單供應給街坊、老顧客，也吸引來自世界各地的旅客，有些依着社交媒體到店，有些是親戚朋友

帶過來，朱老闆一視同仁，希望大家能夠欣賞這杯香港的好茶。

倒奶撞茶，日復日，年復年，沖泡了多少光陰。奶茶是飲品，是技藝，是文化，併配多樣，各人有專屬的比例和配搭。朱老闆也有他自己的秘方，奶茶的意義，更是由點到面：「奶茶是茶餐廳的鎮店之寶，有人飲我這杯奶茶，欣賞這杯奶茶，是我每日工作的推動力。奶茶，是我的靈魂，是『合利』的靈魂，亦可以說是香港茶餐廳的靈魂。」

奶茶 製作過程 Procedure

01

依秘方併配好的茶葉，放在鋁罐備用，製茶時取用適當份量。

02 茶袋放入茶壺，再放入茶葉，加滾水，泡茶約二十分鐘

03 茶泡好，反翻撞茶五、六次

04 憑經驗判斷茶色是否足夠

05 瓷杯內倒入淡奶，份量需要因應茶的濃淡調整

06 將茶撞入杯中，香氣四溢

07 奶茶完成，趁熱奉客

Making Technique

中華文化

「奶酪者，製牛乳，和以糖，使成漿也，俗呼『奶茶』，北人恆飲之。」

——《清稗類鈔》

現代人喜愛的手搖飲品，越來越多以中式茶作茶底，普洱、鴨屎香照樣加奶加糖。傳統的中式茶湯，甚少加入奶類，現代人所稱的「奶茶」，古籍中也不多見。「奶茶」於各本古籍中出現，但所指的意義不同，清代《清稗類鈔》載「奶茶」二字，所指的實際是「奶酪」，或叫作「乳酪」，書中提到：「奶酪者，製牛乳，和以糖，使成漿也，俗呼『奶茶』，北人恆飲之。」名字雖然一樣，但年代、地方、用語不同，實際所指的是兩種東西。

奶茶主要是茶、奶相配，古代以類近的奶製品入茶的，有酥油茶。元代《飲膳正要》有「西番茶」：「出本土，味苦澀，煎用酥油。」「西番茶」又名「四川邊茶」，製時可用酥油，酥油就是從奶類提煉出來的脂肪。談到四川，清代《清稗類鈔》記載「太平人之飲食」，提到四川太平縣的飲食習俗，當中也提到酥油茶，文中談到：「四川太平之男女，皆喜飲酒，日夕必盡醉。尤嗜茶，晨起即啜之，亦視酥油奶茶為要需。」太平縣人，喜飲酒喝茶，晨早所需的就是酥油茶，酥油與茶攪勻融合，成品似奶加茶，所以又稱「酥油奶茶」。

清代《竹葉亭雜記》提到，蒙古也將「酥油茶」叫作「奶茶」，文說：「按蒙古語『奶茶』當為『酥台差』，差即茶也，台訓有，言茶中有酥也。」「茶中有酥」，確指是「酥油茶」。

翻查年代較近的《奉天通志》（民國二十三年出版），同樣有提到「奶茶」，主要成份便與現在的奶茶相同。書中談「蒙古人的製造」一條，先指明「牛乳之製造，分食品、飲料二種」，食品分別是奶油、奶豆腐和底果子。飲料有奶茶、酸奶和奶酒，奶茶是「以鮮奶和茶而成」，調製方法一樣。

牛奶不單用以調茶，也可以用來製作糕點，《奉天通志》記載做法：「以麵和奶滲以餹，奶油炸之，或奶和餹、麵製成餅餌，蒙人視為無上之品，非貴客不供。」「餹」字通「糖」字，麵粉、牛奶、糖先搓成粉團，放奶油內炸，近現代的炸糖糕，或製成糕餅。

清代《航海述奇》記錄航海到西方的見聞，船上飲食多樣，飲品有奶茶、咖啡和紅酒，奶茶製法是「以牛奶、茶、糖和而飲」，正是西式奶茶的調法，現在的仍然一樣。

非遺對讀··涼茶

香港人常喝奶茶，有另一種茶也常喝，那就是涼茶。有說涼茶最早出現於東晉，醫藥學家葛洪到嶺南一帶，依各種症狀編寫醫方，輯錄成《肘後備急方》。書中有不少簡便醫方，如「治肝虛，目睛疼」等症，可參考以下醫方：「夏枯草半兩，香附子一兩，共為末，每服一錢，蠟茶，調下無時。」「夏枯草」現在是流傳甚廣的涼茶，「香附子」可以配搭成養生茶，用時以茶調服，也不限時間，近似現代飲用涼茶的方式。

「涼茶」蘊藏中華文化的醫學智慧。2006 年由香港申報，同年廣東省、澳門分別申報，將「涼茶」納入「國家級非物質文化遺產代表性項目名錄」。古時的「涼茶」，不一定如現在般指有強身、治療價值的飲品，可以另指放「涼」的茗「茶」。

明代《壽養叢書》提到茶的特性，說：「大抵茶能清熱止渴。」所以單飲日常的「茶」，也會因「涼」而產生「清熱止渴」的功效。清代的《續名醫類案》，有以「涼」解「熱」的案例：「一人好食燒鵝、炙煿，日常不缺，人咸防其生癰疽，後卒不病。訪知其人，每夜必啜涼茶一椀，乃知茶能解炙煿之毒也。」文中談到的茶，就是放涼的茗茶。

清代《南平縣志》有「白茶」一條，提到：「性涼，暑服，又名『涼茶』。」白茶屬茶類的其中一種，仍可細分如壽眉、白毫銀針、白牡丹等，是日常的飲用「茶」，因具有「涼」的屬性，所以又名「涼茶」。

現在喝的涼茶，大多由草本植物製成，成份不獨是茶葉。「涼茶」一名，又見明代《本草綱目》，書中專治「吐血不止」的醫方，有以下說明：「晚桑葉焙研，涼茶服三錢。只一服止，後用補肝肺藥。」涼茶是茗茶，但服用的桑葉，後來會用作草本涼茶，如「夏桑菊涼茶」，就以夏枯草、桑葉、菊花合製而成。清代《廣東通志》也有談到涼茶，本質與現代所喝的涼茶無異，文中提到：

「相思子，蔓生，其葉似槐而小，可以解熱，俗呼『涼茶』。」這種相思子製成的涼茶，現代名稱就是「雞骨草」，吻合現代人所指的涼茶定義。

涼茶不單與植物和醫療相關，同樣牽涉到文化，清代《清稗類鈔》談到涼茶，記載當時的賣茶情況，詳細寫到：「茶館之外，粵人有於雜物肆中兼售茶者，不設座，過客立而飲之。最多者為王大吉涼茶，次之曰正氣茅根水，曰羅浮山雲霧茶，曰八寶清潤涼茶。」香港傳統的涼茶舖，仍流傳這種習俗，各式涼茶用碗裝好，客人行過舖面，點選付費，喝畢離開，與清代的情況一樣。後來涼茶從碗裝增加到支裝，部分更有罐裝或瓶裝，多見於火鍋店，用涼的特性來平衡火鍋的熱，是傳統飲食智慧的現代呈現。

二 漁農產品篇

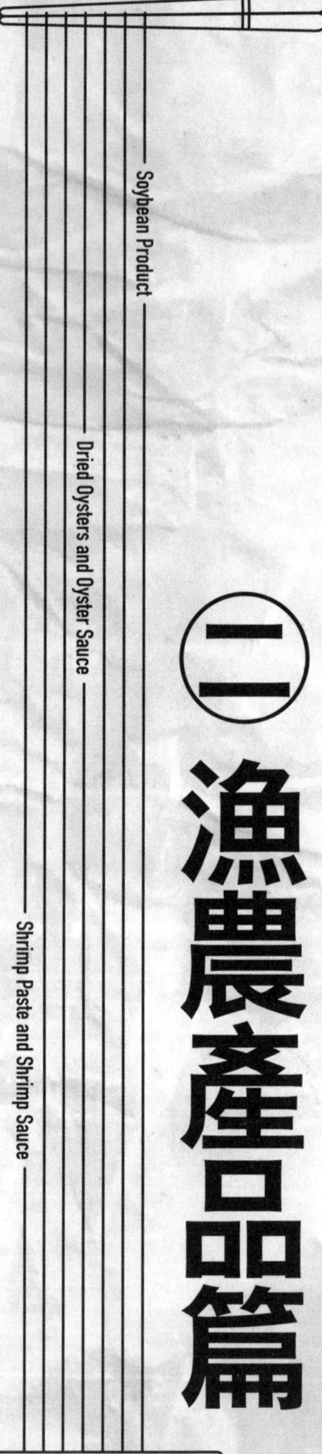

04

豆品製作技藝

Soybean Product Making Technique

話說非遺

豆品不起眼，但似乎無處不在，早餐喝豆漿，午餐吃豆腐火腩，下午茶點豆腐雪糕，晚上吃火鍋可以用鮮腐竹，深宵吃甜品，何不再來一碗豆腐花。從早到晚，啖吃豆品，出售的商舖，確實總有一間在附近，屋邨的上海食店、學校周邊的茶餐廳、商場的雪糕店、街邊的甜品舖，以至超市的貨架，都有豆品的蹤跡。

豆品多樣，配搭千變萬化，早就隨中華飲食文化，融入香港的商店、家居，背後的手藝凝聚成各種滋味。2014 年，「豆腐製作技藝」列入「香港非物質文化遺產清單」，後來建議修訂為「豆品製作技藝」，擴展至豆腐以外的豆漿、豆干、豆卜等產品。以前買豆品，更多時候到街市，因為超級市場仍未蓬勃，也未有新鮮的豆品出售。小時候跟家母到豆腐舖，買板豆腐，加上青葱和辣椒作紅燒，買布包豆腐蒸「老少平安」，買豆干爆客家小炒，買豆卜斜切，釀入鯪魚肉再煎，每道菜的特色分明，都能吃出家常的味道。

後來更多外出用膳，到上海食店點粢飯、排骨麵，看着製冷機內的凍豆漿，總是忍不住要點，用上橙白色的麥牙花紙杯，很有標誌性，數十年後依然記得。碗上的鹹豆漿，反而比較少喝到，因為沒太多食店有售，加些肉鬆、榨菜、油條，完全是另一番風味，秋冬天冷吃上一碗，可以禦寒好一陣子。

腐乳家中常備，是家母的兒時味道，大多是不辣的麻油腐乳，有時用來下飯，自己更喜歡用來配粥，鹹香濕潤，適合夏天熱壞了的胃口。腐乳間中會用來炒通菜，自己覺得惹味，但

布包板壓，壓出水份，板壓的時間和程度，都要依靠經驗。

可能菜蔬種類太多，菜心、白菜更易烹煮，是以通菜出現的次數不多，連帶腐乳也無法出場。秋冬天吃羊肉進補，較多見腐乳的出現，在家會簡單取出來蘸一蘸。在大牌檔吃羊腩煲，腐乳加油、糖開成醬，或加辣椒絲，或加檸檬葉絲，都可以提鮮解膩。

豆品當中，吃得最多的一定是豆腐花，小時候隨家母到上海食店吃，還可以自己加紅糖，算是踏入成人餐桌的開始，長大後仍然維持習慣，即使已經添加糖水，幾勺紅糖也得加下去，要吃的時候有「沙沙」的顆粒感。豆腐花到底要怎樣吃，也牽引出熱烈爭拗，有人一匙匙的盛起豆腐花，盡量完整的放入口；有人下糖水、紅糖後，以匙羹肆意攪拌，令豆腐花變碎，再用匙吃，到後段可舉碗一飲而盡。自己較多採用「攪碎法」，因為吃下去的甜味更重；如果一行人同吃，就會採用「完整法」，較不失禮，更能吃到豆腐的味道。

後來吃豆腐花，反而更多到甜品店，或單點，或兩溝，配傳統糖水如芝麻糊、紅豆沙也可。隨住甜品加入不同配搭，豆腐花可外加芒果、椰汁、椰果。又隨台式甜品的流入，配搭珍珠、芋圓、地瓜圓、小丸子，反正就是要擴大豆腐花的可能性。

谷和
谷和
素鴨
15元

技藝訪談

——公和荳品廠董事 蘇意霞（Renee）

Renee（蘇意霞）在公和荳品廠（下稱「公和」）進進出出，一時收錢，一時補貨，遇見街坊隨口搭上兩句，不用刻意停留，邊做邊講，是為深水埗的日常節奏。Renee 從父親蘇崇廉手中接捧，現時是公和的掌舵人；父親繼續打理廚房大小事務，她則補位協作，幫忙其他範疇如會計、宣傳與人事等。Renee 回到公和，並非偶然，她年輕時已經開始接觸豆品，她數數手指回憶說：「1997 年爸爸購入舖頭時，我已經入行，當時我還在讀中學，有時放學就會來舖頭，看到家人滿頭大汗的製作豆品。以前在舖頭工作無冷氣，十分辛苦，現在好一點，有冷氣。」四圍打點的 Renee 在店內穿梭，不時要拭刷臉上的汗珠，見她工作已經駕輕就熟，問到是否早就準備回來接手家業？Renee 搖了搖頭，細訴：「2010 年左右，英國讀完大學回來，我在銀行擔任文職工作，週末才返舖幫幫手。初時未有想過回來做全職，後來因為家人身體不太好，一家人溝通後，覺得不如全職返舖幫手，到現在已經有十一、二年了。」十年有多的全職工作，早就將豆品與生活連起，時間更多投入在深水埗。

雖然不是從頭做起，但擔任全職、掌管舖頭，始終要學會所有製作工序。Renee 回想，做豆腐總有失敗的例子，「譬如撞豆腐的時候，成形得比較差，若然硬要壓板製豆腐，成品會有好多洞，豆腐就不滑，整板要倒掉，有時都很無奈。」Renee 說來，像談及家中發生的平常事，她還提到天氣潮濕與乾燥，都對做豆腐有影響。上述是「天時」與「人和」的調合；豆品製自黃豆，豆生於地，「地利」固然同樣重要，Renee 直

左：Renee 中學時已到公和幫忙，經歷日常，親身感受深水埗的街坊感情。

言，雖然對工作流程已有一定認知，但每天仍要面對大小挑戰，她進一步解釋：「黃豆始終是農作物，進口會遇到貿易衝突、供貨不穩的問題。即使轉用另一隻牌子，浸豆要八小時，最後撞出來的豆腐花不理想，又要再想辦法起貨，一要追時間，壓力就大。」似乎地利不單止是土地，還與地緣相關，不深入了解，會以為黃豆來貨，只是「芝麻綠豆」的瑣碎事。

堅持公和的味道

豆品多樣，製作方式亦有不同，當中總有較為繁複的一種，口中剛問，Renee 已經快速回答：「豆卜，因為豆卜在整好豆漿之後就要跟住做。用鹽水凝固，凝固後要切，切好要逐粒『啤水』，『啤完水』又要炸，炸完又要吹乾，乾了，才可以

上：公和仍沿用舊時的膠餐牌，掛滿牆壁，彷彿回到過去。
左：店裏店外，擺滿各式豆品，款式繁多，切合需要，供應給街坊和食客。

賣。」Renee 續說，對比豆腐花和豆漿，豆卜背後的工序真的繁多，單看上去不會知道。豆卜費時費力，店內也曾討論，不如到外面找工廠交貨，更平更快，但 Renee 繼續做的原因很簡單，就是「堅持」：「即使面對成本等問題，公和也堅持做豆卜；確實沒有太多考慮賺錢，有時候，是你堅持開，就想堅持下去。」

公和售賣豆品多年，製作豆品的方法，會不會有所改變？Renee 沒想太久就說：「其實沒太多改變，主要是更換了鑊。最初用生鐵鑊，比較易『黐底』，豆腐會有一陣燒焦味。現在改用銅鑊煮豆漿，不會有燒焦味，味道和濃度都能迎合香港人口味，我們自己也同樣喜歡。」豆漿做法，你做我做，各有套路，稀稠、味道不一，後續配搭更加多樣，如放肉鬆榨菜，調節鹹甜味。Renee 說，公和一直堅持做好自己，切合香港人口味，她補充：「香港人喜歡這種口味，所以即使前陣子流行珍珠、芋圓、黑糖，我們都沒有加進去，希望堅持自己獨有的風味。我們清楚知道，旅客到店，其實希望試試香港人的日常飲食，品嘗一下『公和』的風味。」做自己，就是公和的味道，新舊食客訪尋的，有時就是「不變」的滋味。

顧客店前買豆腐，店內喝豆漿，香煎熱燙，雪藏清涼，豆品來回往復，究竟哪一些最好賣？「豆腐花和豆漿，一定是最多人買的。豆腐花一天最多可以賣過千碗，譬如黃金周，就真的有這個數目。」Renee 看了看月曆說。假日旅客多，連帶飲食的銷售額提升，但不同節日，食客對豆品也有不同需求。Renee 說有些節日，豆腐確實特別好賣，例如農曆新年，或大時大節，很多客家人會煮豆腐，成為主要客源。Renee 接續提到還有一個節日，豆腐的需求都會增加，那就是農曆七月的盂蘭節，她解釋：「大概鬼節的前一個星期，會有很多人買豆腐和芽菜，準備『燒衣』。每年這些時段，我們就會多做豆腐。」食客眼中，豆腐只是食物，但 Renee 看來，豆腐存在旺淡季的分別，關乎工作，同時是人生經驗的累積。

右：豆腐花豆香順滑，從選豆一刻已經有重要的影響。

下：公和三寶：釀豆腐、釀豆卜、魚腐，店內堂食更添風味。

香港公和荳品

人之常情

公和荳品廠坐落深水埗，Renee 未決定投身豆品行業時，對舖頭和深水埗，早有自己的看法：「以前深水埗屬於平民區，三山五嶽，甚麼人都有，不像現在變成了旅遊區。在我眼中，當時的公和就是一家街坊舖頭，從沒想過得到米芝蓮，更有機會接觸內地和國際的傳媒。」時移世易，地區與店舖的發展，有時候會超出預期，背後的歷史文化，隨時代改變而發酵，並且融入社區的演變當中。Renee 深入回想，指深水埗的倫理關係比較強，有一種社區的人情味，自己在舖頭也會關照一下獨居老人，街坊互相問候一番，可能幾代人都因為公和，所以跟 Renee 有聯絡，「有時街坊來買豆腐，不單單是買件產品，有時買賣交流的五分鐘，都可能算得上是情緒支援。新發展的社區，很多時是大財團、連鎖店所壟斷，就很難有這樣的情誼。」飲食從來不止是物質與行為，更多時候是人物、地方與感情的交織。飲食作為媒介，引發日常的交流，隱含的其實就是細水長流的「人之常情」。

公和與深水埗的一同成長，引發 Renee 對香港特色更多的思考，「有人說，香港特色越來越少，有時我會反思，甚麼才是香港特色？其實香港特色，可能是日常生活當中，十分簡單的東西。」豆腐這種日常滋味，外在餐廳，內在家居，長年充當香港食材，似乎也能藉此訴說香港故事。「豆腐確實能夠體驗香港的變化，（上世紀）六十年代，香港有過百間豆品廠，後來越來越少，現在『十隻手指數得晒』。這數十年，香港飲食文化不斷發展，更多日本菜、快餐，大家自然對傳統食物少了關注。」Renee 指，近年風氣有些改變，可能快餐吃得太多，想吃本地美食，是「時勢做英雄」，關注公和的人也慢慢增多。

右上：豆漿因應食客的需求，衍生出少糖與無糖的版本，還有黑豆漿可以選擇。
右下：豆製品不單止食材，還有不少調味醬料，用於各式烹調。

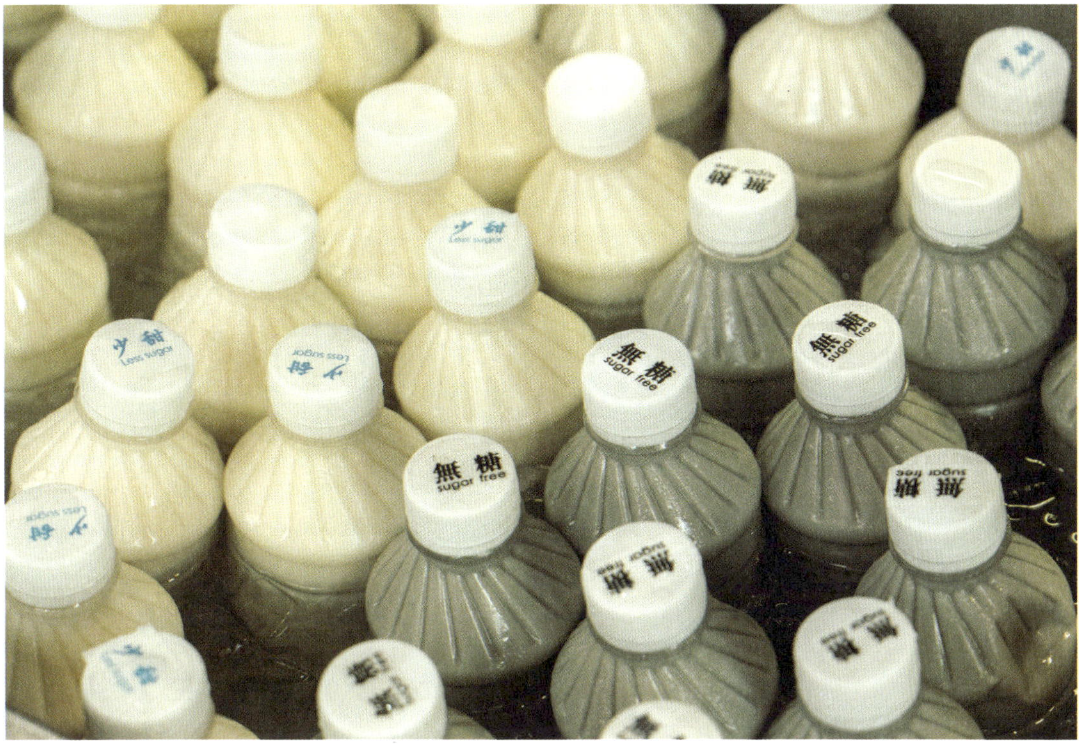
少甜
Less sugar
無糖
sugar free

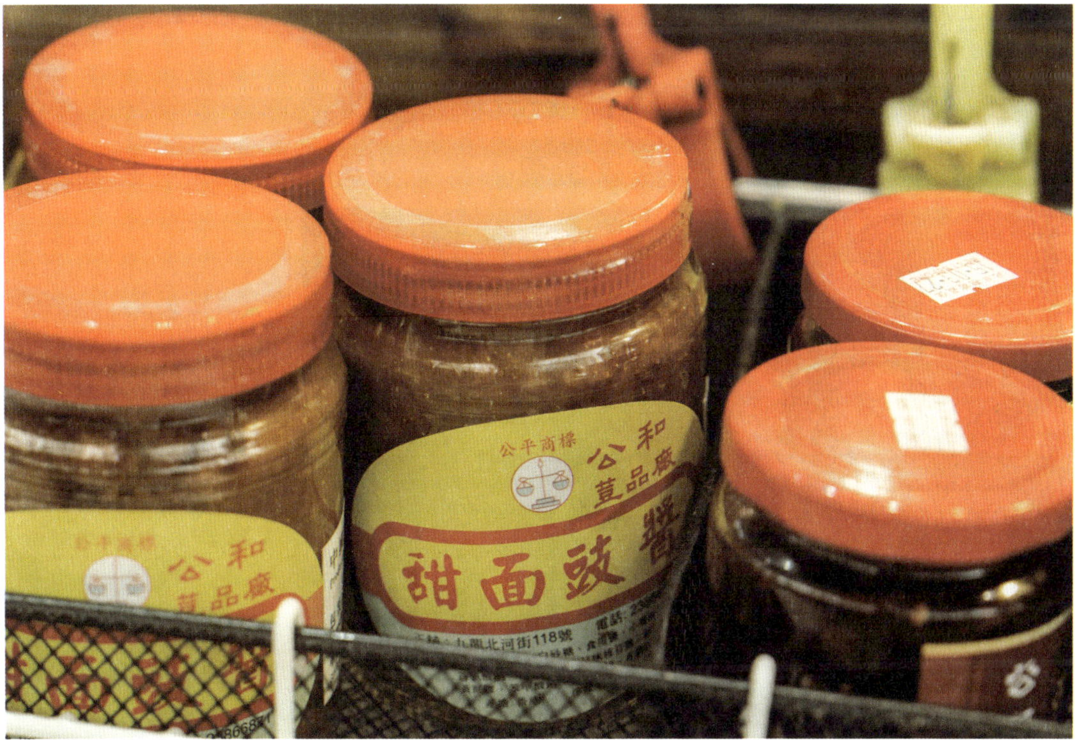
公平商標
公和
荳品廠
甜面豉醬

Tofu Milky Pudding
18元/杯
KUNG WO
豆品的故事 120元/本
豆品的故事
保温瓶 Thermos Bottle $90元
明信片 Postcard

香滑荳花 $230
Wooden Bucket Tofu Pudding 元/桶
30元
40元
95元
大 20元
煎釀
公和煎釀 叁拼

左上：公和不忘創新，印製多款周邊產品，用藝術方式訴說自己的故事。
左中：豆腐、豆卜適合煎炸，鮮製即煎熱吃，吃出公和豆品的滋味與文化。
左下：豆腐花用桶撞製成形，以小木桶售賣，更見手作技藝的特色。

推動豆品傳承

豆品製作工藝要傳承，連帶豆品店也要思考如何生存，Renee 指着新購的機器解釋：「要傳承，我覺得硬件要不斷更新，這是無辦法逃避的事實，因為員工年紀大，要找新人接手，那麼工序都要易上手、快上手，新人才會來做！」食客入店，點購吃喝，如何能夠邊享受，邊推動豆品的傳承？「我覺得，食客到店消費我當然開心。如果客人對同事友善一點，多些包容，同事會做得更開心，他們每天工作平均站立十個小時，其實不是一件簡單的事。」多光顧，多了解豆品行業，多感受豆品店的種種，看似簡單，但實際是對豆品店的肯定和支持。

公和不定期與學校、機構合作，舉辦社區飲食活動，年輕人到店，觀摩、訪問、學習，用文字圖畫，再現心目中的公和、豆品和深水埗。Renee 的原意是想讓年輕人多了解不同事物，她補充：「我覺得現在的年輕人，可以學很多技能，但豆品製作確實沒有其他地方可以學到。學校、NGO 過來，講解文化、非遺和豆品，我十分歡迎，讓他們多點認識公和，多點認識深水埗。」舖頭工作加上舉辦活動，佔了 Renee 大部分時間，令陪伴家人的時光變少；如何讓女兒了解自己的工作，尤為重要。「有時我女兒放學會來店坐坐，了解我在做些甚麼。我覺得，讓她了解公和的精神十分重要。我和我爸爸都不算是『好叻嘅人』，靠的是一份堅持，肯堅持最後都能做出點成績。我希望女兒了解的是『堅持』，她到店看到我們的工作，就是堅持的一部分。」Renee 略帶嚴肅，訴說心中想要女兒了解的事。問到女兒對公和的看法，Renee 忍不住露出甜蜜的微笑：「女兒返學會跟同學說，媽媽有家舖頭，賣的食物『好好食』。」Renee 會接待女兒的同學到公和參觀，讓其他孩子知道豆品店的運作，從而希望女兒明白，媽媽的工作不單是為了賺錢，還一直在做有價值的事。

「公和」二字，傳承豆品製作的傳統技藝，連繫親情與街坊情。

豆腐 製作過程 Procedure

01 揀選黃豆浸泡。天氣炎熱浸泡 4 至 5 小時，天氣炎熱浸泡 7 至 8 小時

02 黃豆去水，放入石磨磨成豆漿

03 將豆漿放入離心機去掉渣滓

04 剩餘的豆渣可以作為豬的飼料

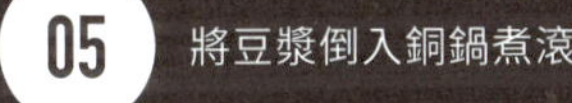

05 將豆漿倒入銅鍋煮滾

06 先於木桶鋪布，再倒入煮過的豆漿

07 人手拉扯布包，再作過濾，讓成品會更滑

08 將石膏粉開水，取稀濕狀態的豆腐，同時撞入木桶內

豆腐 | 製作過程 Procedure

09 等待豆腐於木桶成形

10 豆腐模鋪上布

11 從木桶舀出豆腐，放入豆腐模

12 用筷子調撥豆腐，令高低一致，可再添豆腐填補

13 包好布，加木板。豆腐模一層疊一層，壓出水份（壓豆腐所需時間，需憑師傅經驗目測）

14 豆腐成形，將布打開

Making Technique

15 豆腐模反扣木板上，切成方塊

16 切好的豆腐，層疊備用

中華文化

「處處能造，貧富攸宜，洵素食中廣大教主也，亦可入葷饌。」

——《隨息居飲食譜》

古代早有豆品，豆腐最早的來源，古書也有提供說法，清代《清稗類鈔》提到相關歷史，以及豆腐的製法，書中記載：「豆腐，以黃豆為之。造法：水浸磨漿，濾去滓，煎成，澱以鹽鹵汁，就釜收之，又有入缸以石膏末收之者。相傳為漢淮南王劉安所造，名曰『黎祁』，一曰來其。」文中所談豆腐的用料和做法，與現代的一樣，用鹽滷或石膏粉，令豆腐成形。劉安發明豆腐是古代流傳的說法，當時豆腐又稱作「黎祁」。豆腐的製作方式，流傳到不同地區，演變出各處獨特的歷史文化，「豆腐傳統製作技藝」分別於 2014 年和 2021 年，由安徽省淮南市、山東省泰安市泰山區申報，納入「國家級非物質文化遺產代表性項目名錄」。

不同豆品的製作方法，環環相扣，既然豆腐已成，《清稗類鈔》再提到後續可再加工的成品，談到：「既成為豆腐矣，加以醬油而煮之，即縮而硬，曰豆腐乾。」醬油豆乾現在仍有出售，做法與上文相同。清代《隨息居飲食譜》有「豆腐」一條，解釋更為詳細，先說豆腐又名「菽乳」，有清熱潤燥等功效，再談豆腐的大眾化，指出：「處處能造，貧富攸宜，洵素食中廣大教主也，亦可入葷饌。」豆腐大眾都可以做，當時不論貧富，做出來的豆腐都相似，不像現在可揀黃豆的品種、產地。素食烹調廣泛運用豆腐，當然也可以配搭各種肉類。

豆腐製成的前後，有不同的豆品產生，《隨息居飲食譜》提到幾種：「其漿煮熟未點者為『腐漿』」，黃豆加水磨好，煮熟就是豆漿；「漿面凝結之衣，揭起晾乾為『腐皮』」，豆漿表面凝結形成腐皮，做法與現代的一樣；「點成不壓則尤嫩，為『腐花』亦曰『腐腦』。」「嫩」字通「嫩」字，豆漿凝結成形，不加壓，就是豆腐花，又名豆腐腦。「由腐乾而再造為『腐乳』，陳久愈佳，最宜病人。」腐乾發酵成腐乳，與上述數種豆品一樣，一直流傳到現在。

豆品製成，用於菜式有多種發揮，清代《養小錄》提到「熏豆腐」，做法如下：「好豆腐壓極乾，鹽醃過，洗淨曬乾，塗香油熏之，妙。」豆腐壓實，去水再燻，實際上就是「熏豆乾」，是現代可見的食材。豆腐菜式，另見清代《清稗類鈔》所載「蝦仁豆腐」，做法詳說：「蝦仁豆腐者，以豆腐腦泡水中三次，去豆氣，入雞湯煨之。起鍋時，加蝦仁、紫菜，亦號『芙蓉豆腐』。」做法簡易，不用再多解釋，主要先將豆腐腦用雞湯入味，再外加蝦仁等材料滾煮。

清代《揚州畫舫錄》提到當時路邊攤的情境，也有豆品出現，說「清明前後，肩擔賣食之輩」，流動小販於節日前後擺賣，食品有「豆腐腦、茯苓糕」，也會依時節，「夏月有賣洋糖豌豆，秋月有賣芋頭芋苗子者」。賣豆腐花的流動小販，印象中未有遇過，可能因為整桶豆腐花不易搬運，稍有不慎，豆腐花會變得細碎，不一定為食客所接受。

CHINESE CULTURE

非遺對讀：臭豆腐、腐乳

豆品種類繁多，製作工夫各有技巧，部分更成為地方特產。譬如香港人常吃的臭豆腐，豆腐發酵，高溫油炸，外加甜醬、辣醬，外脆內軟，街邊站吃，另有風味。類近製法的長沙小吃臭豆腐，衍生出的「臭豆腐製作技藝」，2021 年由湖南省長沙市申報，納入「國家級非物質文化遺產代表性項目名錄」。

長沙臭豆腐的滷汁，主要成分有瀏陽豆豉、香菇、紫蘇、冬筍、曲酒，所以完成浸泡的豆腐，外表會呈深黑色，之後再經油炸，直接食用或用來煮菜。清代《湖雅》則有記載醃製「臭豆腐乾」的用料，提到：「醃芥滷浸白腐乾，使鹹而臭，曰『臭豆腐乾』。」「芥」就是芥菜，芥菜加鹽發酵成滷汁，再用來醃白豆腐乾，滲入鹹味、臭味。醃滷可用豆腐或豆腐乾，軟硬程度會有所不同，咀嚼時的口感也有影響。

《南匯縣續志》同樣有記載「臭豆腐」，記述稍有不同，重點在於油炸：「浸芥菜鹵中，俟其臭變而油炸者為『臭豆腐』。」豆腐浸泡滷汁，發酵後需油炸。香港常見的臭豆腐也是以油炸為主，與長沙臭豆腐的做法一樣。炸過的長沙臭豆腐，可以中間戳洞，加入辣椒醬、蒜末、芫荽等調料，也可加湯略煮，還能用來煮「臭豆腐肥腸煲」。

談到臭豆腐，清代《都市叢載》連繫上王致和，當時他在「壽寺街西路」賣自製的臭豆腐和豆腐乾，這種臭豆腐，類近「腐乳」。清代《隨息居飲食譜》有說：「用皂礬者名『青腐乳』，亦曰『臭腐乳』。」皂礬，可入藥，是碧綠色的礦石，所以會染上青色。現在的青腐乳，醃製時加入「苦漿水」，即是石膏熬成的水，所以腐乳會染上灰色。

這種獨特的「腐乳釀造技藝」，2008 年由北京市海淀區申報，納入「國家級非物質文化遺產代表性項目名錄」，直至現在仍有製作販售。

另一種腐乳製法，見清代《醒園錄》所載「豆腐乳法」，做法如下：「將豆腐切成方塊，用鹽醃三、四天。出晒兩天，置蒸籠內蒸到極熟。出晒一天，和便醬，下酒少許，蓋密晒之。或加小茴末和晒更佳。」「晒」字現在用「曬」，豆腐需經「醃曬調封」多重工序，才能供人食用，配飯搭粥、醃肉炒菜都可。

清代《調鼎集》有記載腐乳的相關資訊，說「腐乳臨用，少入麻油，味香」，麻油開腐乳，現在仍有流傳。書中又說「腐乳拌玫瑰花瓣」，實際如何操作，較難想像，估計是蘸吃的時候，增添花香和色彩。現在販售「玫瑰腐乳」，或用新鮮玫瑰，或用糖漬玫瑰，跟紅麴米打成醬來醃腐乳。有的白腐乳添加玫瑰露，也叫「玫瑰腐乳」，只能說各家對「玫瑰」的闡釋都不同。

05

蠔豉蠔油製作技藝

The Traditional Technique of Making Dried Oysters and Oyster Sauce

香港蠔業集團有限公司

話說非遺

流浮山以蠔著名，名聲累積了很長時間。小時候隨家人到海鮮街，圓環下車，依巷走入，前段已有不少攤檔賣乾貨，蝦米蝦乾、魚肚花膠、螺片鹹魚，散發陣陣陳鮮的氣味。當中不缺的，是各款蠔製品——生曬蠔豉，色相不同；飽滿金蠔，大小不一；在地蠔油，濃淡相宜。中段店舖規整，地面常濕，是海鮮檔與餐廳的組合，揀好海鮮，餐廳烹煮，凍熱蒸炒，一應俱全。吃蠔吃在地，蜜煎金蠔、砵酒焗蠔、薑葱炒蠔，都能品嘗流浮山的滋味。沿路走到海邊，在收蠔季節，會看到蠔民即場開蠔分類，用作現賣、加工，吸引不少遊人觀看。蠔豉攤曬，蠔殼堆疊，耳聽浪聲，眼看夕陽，遊客來回，買乾嘗鮮。流浮山與蠔構成的風景，數十年來都沒甚麼改變。

流浮山的蠔業，沉澱豐富經驗，衍生的蠔製產品，扎根成香港的地區特產。「蠔豉蠔油製作技藝」連同「蠔養殖技藝」，於 2014 年列入「香港非物質文化遺產清單」，標誌香港蠔於養殖、出品的特色和重要性。回想以前，常吃蠔豉，主要是隨家人、長輩的口味。家中煮吃，方法簡單，煲飯時放蒸架，上放小碟，置蠔豉、臘腸，蒸起之後，甜味配搭鹹鮮，不用調味，已是飯上珍寶，現在再嘗，滋味不減。夏季炎熱，胃口不佳，家母會煮蠔豉粥，加些家鄉菜乾，添些鮮攬肉碎，都可以吃上幾碗。現在少回家吃飯，變相少了機會再嘗這些簡單的傳統味道。

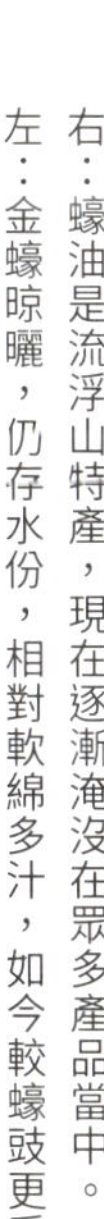
右：蠔油是流浮山特產，現在逐漸淹沒在眾多產品當中。
左：金蠔晾曬，仍存水份，相對軟綿多汁，如今較蠔豉更受歡迎。

以前過農曆新年，親戚圍桌共慶，總會出現髮菜蠔豉，要取「發財好市」的意頭。不過，近年髮菜禁採，加上年輕一輩的成長經歷當中，甚少或沒有接觸蠔豉，不習慣蠔豉的味道，以致蠔豉的菜式，已經越來越少機會登場。反觀同樣是曬製的金蠔，軟綿多汁，蜜煎易入口，陳蠔味較淡，初吃的食客比較容易接受。

現代人在家煮食的時間較少，加上不一定煮中餐，蠔油的運用相對變得較少，只要看看家中雪櫃有沒有存放蠔油，就可知道實際情況。小時候家中常備蠔油，自己最常接觸，就是吃油菜的時候，幫忙取出蠔油，倒在油菜上面，為菜增添鮮味。日常烹煮，炆冬菇、煮豆腐、醃雞翼、炒牛肉，都會用上蠔油，不時隨家母到超市買蠔油，就知道平日的用量不少。不少傳統的味道，承接自上一代；菜式的食用，日常的烹製，食材的購入，味道的嘗試，親身的接觸，都影響蠔豉、蠔油的傳承，以至於流浮山蠔文化的傳播。

技藝訪談

——香港蠔業集團有限公司主理人
陳樹峰

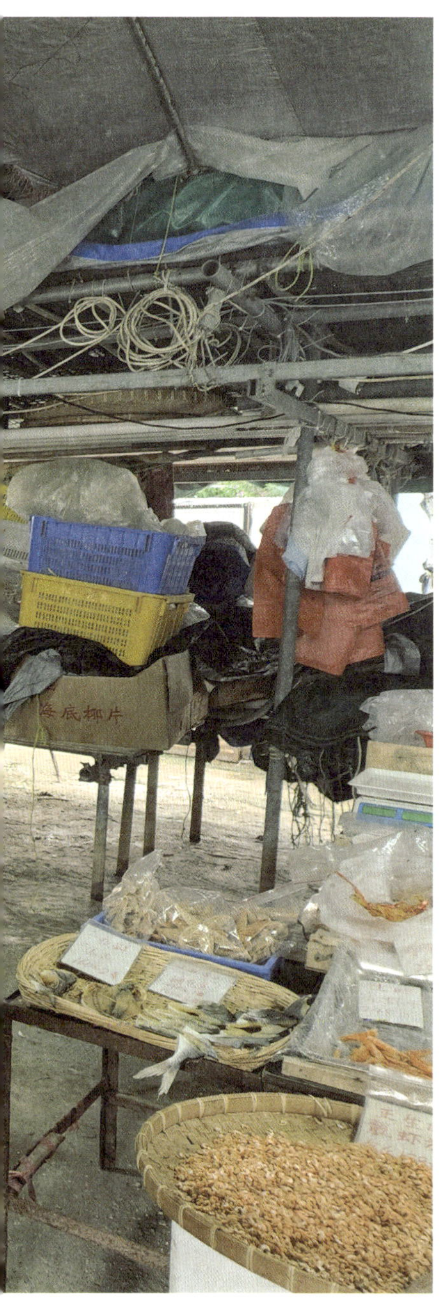

樹鋒在流浮山成長，對當地的養蠔產業、歷史、環境，瞭如指掌。

養蠔產業的變化

跟着樹峰沿海鮮街走到海邊，他左指乾貨攤、右指海鮮檔，訴說現時流浮山的近況，談談經營，說說生意，還有他的家業和專長——蠔的養殖和相關產品製作。樹峰是第三代蠔民，對香港蠔的歷史文化有深入的認知，現擔任「后海灣蠔業養殖協會」主席，全面關顧流浮山的蠔業發展。「我在香港出世，爸爸是深圳寶安沙井人，後來移居到香港。流浮山在清代已經有蠔業，沙井同樣是養蠔著名，近百多、二百年來，兩地經常互相合作去養蠔。爸爸在這裏養蠔，爺爺不時過來幫手，所以我已經是第三代了。」樹峰簡單直接連起家族的養蠔史，三代人養蠔製蠔數十年，見證行業發展如何隨時代改變，樹峰談到：「（上世紀）七十年代的養蠔產業，算是非常好做，但是十分辛苦，因為還是泥灘作業，產能低。到七十年代尾、八十年代初開始，就有蠔排作業，產能增加了不少。蠔產業的整個爆發期，是由六十年代尾開始，到八十年代初達到最高峰。」泥灘作業需依潮汐漲退採蠔，限時、費功夫，而且地方受制。在蠔排作業則地方無阻，可以隨時出海採收，快捷量多。隨着養蠔方法的變更，特定時間的生產量大大提升，樹峰指，當時比較容易賺錢，畢竟蠔屬於中上價位的海鮮。

九十年代，養蠔產業發生轉變，因為環境、管理，以至負面報道等因素，令整個產業出現多種混亂的情況。「九十年代開始，蠔排數量看似不少，但內裏的混亂情況，再加上天氣不穩、人工上漲等因素，影響到蠔的產能和質素，收入亦因而下降。」樹峰嚴肅地逐一分析，他續說，因為養蠔收入不穩定，不少老前輩，不想兒女接手家業，慢慢很多養蠔的第二代、第三代，都轉行做其他行業，形成今時今日比較少年輕人入行的局面。「今年我四十多歲了，已經算是最『後生』的一批，仍在堅持養蠔。現在看來，是很可惜，但也不得不向現實低頭。」樹峰談起，不免搖頭輕嘆。

漁業曾經是香港的主要產業，後來香港從漁港發展成轉口港，再到金融、貿易中心，相對漁業的角色慢慢淡化。樹峰直言，養蠔產業跟漁農業一樣式微，更困難的地方是，養蠔無法投放飼料，純粹「睇天做人」，能夠做的只有觀察。從現在回望過去，低谷來臨前也總有高峰，「我們以前十分出名，六、七十年代，整個東南亞，以至有華人的地方，要找蠔油、蠔豉，基本上都會想起我們流浮山，因為當年這裏的產量和品質，已經『出晒名』。」曾經的輝煌，證明流浮山的蠔產品，有足夠的品質攀上頂峰。樹峰堅持養蠔，不單想重振蠔業，同時是因為流浮山蠔的獨特性，樹峰解釋：「為甚麼我要支持本地養蠔產業？因為這裏的蠔，是用我們香港這個地方來命名，真正的科學學名就叫作『香港蠔（Magallana hongkongensis）』，這個出自香港的物種，在全世界流通，可謂是香港養殖業的一份光榮。」

言談間樹峰憶起兒時與蠔的片段：「因為住在岸邊，幾歲就接觸蠔，幫手從泥灘搬蠔返到岸邊，有時則站在旁邊看家人操作。記得第一次幫手，是開『走鬼檔』，當時我十歲左右，很多漁民會拿自己的產品出城擺賣。天未光就要到市場旁邊『霸位』，記得有到過聯和街市附近擺賣，放假的時候去遞膠袋、找『碎銀』。」樹峰談起過去，忍不住笑說，當時一家人出行，先到大牌檔，飲奶茶、食麵包，已經十分開心，是特別而且有趣的回憶。

右：蠔篩通風，穿透日光，漁民會用來晾曬各種乾貨。

右：找到蠔的開合縫隙，蠔啄尖鑿下去，左右撥動，蠔殼就可輕易打開。
左：蠔啄是漁民常用的開蠔工具，開蠔前，蠔啄的尖端需要再打磨。

開殼曬乾做蠔豉

從小浸淫、培養，樹峰早就開始學習養蠔、製蠔的技藝，了解蠔豉、蠔油的製作過程和原因。蠔豉最初為何製作？原因簡單，就是降低風險，保留蠔的出售可能。「假設你的蠔趕不及賣，又不想放在海裏，怕承擔風險。唯有開殼後曬乾做蠔豉，方便儲存，因為以前雪櫃未普及，蠔豉曬乾後，只要找個乾爽的地方收藏就可以。」隨着雪櫃的普及，冷凍儲存食品更加方便，蠔豉不用全乾都可以存放；樹峰提到，曬得半乾的金蠔其實最好吃。雪櫃的普及影響人類的飲食習慣，溫室效應令平均溫度上升，也影響開蠔的時間。「以前我們中秋節後就開蠔，現在都會遲些，大概十月、十一月份開始，一直開到二月份新年。遇到適當的時候，我們每天都開蠔，一邊開蠔，一邊曬製蠔產品，能賣出就賣鮮蠔，剩餘的就用來曬金蠔或蠔豉。」樹

右：流浮山海邊開蠔，同時見證背後深圳灣的變遷。
左：鎅開肉柱，取出蠔肉，同樣只用蠔啄操作。

峰逐步說明，開蠔之後，分段的處理方法。

舊時開蠔製蠔的方法，跟現在的差不多，只是曬蠔的地方有所不同。樹峰指出，以前會在岸邊曬，反而問題較多，例如：蚊蟲滋擾、地方不足等，即使多開數個網都曬不完。近年大部分的蠔都在海中的蠔排上，直接晾曬，反而沒甚麼蚊蟲，周邊也沒有遮擋，日曬的效率更好。時移世易，同樣需要日曬的蠔製品，以前多吃蠔豉，現在反而金蠔更受蠔民和食客歡迎。「基本上，現在我們整個行業都以製作金蠔為主。原因簡單，有客人需要蠔豉，只要給我時間，我可以拿金蠔出來，只要再曬乾就可以成為蠔豉。加上金蠔的烹調方法相對簡單，要煮蠔豉反而比較複雜。」樹峰直接用製蠔的工序來說明，金蠔半乾，雪櫃可冷藏，維持濕潤，之後可以再日曬加工成蠔豉，是因時制宜的智慧做法。科技影響存放，令金蠔更為人所熟知，進而因味道影響食客的選擇；反之蠔豉沒有因為科技的進

右：蠔民現在傾向曬金蠔，因為曬好可賣可存，也可再曬成蠔豉。
左：蠔肉肥美，即開即賣，部分則會即時晾曬加工。

步，令更多人接受。樹峰說，金蠔其實只是蠔要曬成蠔豉的中間過程，蠔民家中早有出現，只是沒有拿來出售，真正興起大概是在二千年左右。

養殖和產出，同樣重要

從食材到煮法，不同年代的口味，雖然有所區別，但成長的飲食記憶，很多時會伴隨年月推演，轉化為食物與生活緊扣的片段。「我們小時候真的是吃蠔豉長大，那時媽媽、爺爺還健在，十分節儉，媽媽蒸飯、煲湯，都會落蠔豉，再配臘腸、冬菇，加點青菜，已經是美味又豐富的一餐。但現在的家庭較少用乾貨，烹調方式和飲食文化都改變了。」樹峰談以前，不經意又提到現況。當下的養蠔產業，確實內外都面臨不少問題：蠔豉的銷售受外在的飲食習慣影響，蠔油則受到內在的生產影響——流浮山出品的蠔油產量已在逐漸減少。「相對來說，出產確實少了。製作蠔油需要煮蠔，煮過的蠔肉要處理。煮出來的蠔水，能夠做到多少支蠔油？能夠賣多少錢？都要考慮，主要都是成本問題。」樹峰依步驟說明。

蠔油的出現，源於製蠔的必然工序。樹峰強調，蠔肥要即開，可鮮賣或曬乾，但如果人手不足，蠔無法即時日曬，加上以前沒地方冷藏，蠔就不能過夜，唯有用熱水「烚」一下殺菌，第二天等好天再曬；在烚煮的過程中，會有蠔水出現，水份蒸發，愈煮愈濃，精華濃縮，對蠔民來說，蠔油就是極之濃味的蠔水。「若不是人手不足，無法晾曬，我們都不會用『烚』蠔的下策。『烚』過再曬的蠔豉，外型是較好，較易處理，因為經過殺菌，出口更容易，但味道會流失，出來的蠔豉會比較淡。」從蠔油談到蠔豉生曬、熟曬的分別，其實兩種曬蠔方法古時候早有記載，是中華文化的活現傳承，不過，背後的效益考量已有不同。

現在到餐廳吃油菜，仍然會添加蠔油，呈啡黑色，味道較甜，是加入調味重製過的版本，相對容易入口。問及蠔民吃的蠔油，樹峰從色味方面，道出分別：「我們小時候吃的蠔油是鹹的，不會有甜味，主要用來提鮮，加一點點去炆肥豬肉，已經有好濃的鹹香味。這種最傳統的蠔油偏啡色，推出也未必受歡迎，因為大家已經認可了現在的蠔油口味。」對蠔民樹峰來說，蠔油、蠔豉、金蠔、鮮蠔，同樣重要，養殖產出，總希望得到食客的選擇和肯定，再進一步推至了解和傳承。「我們不能單純要求客人購買，我們要先做好自己，再多加推廣，讓大眾深入了解香港的蠔和蠔產品其實不差。我相信，很多香港人和遊客，都會支持本地的產品、食材，大眾能進一步了解蠔業和產品資訊，會覺得我們更加值得支持，會願意買我們的產品。」樹峰目光堅定，講述自己推廣蠔業的大計。

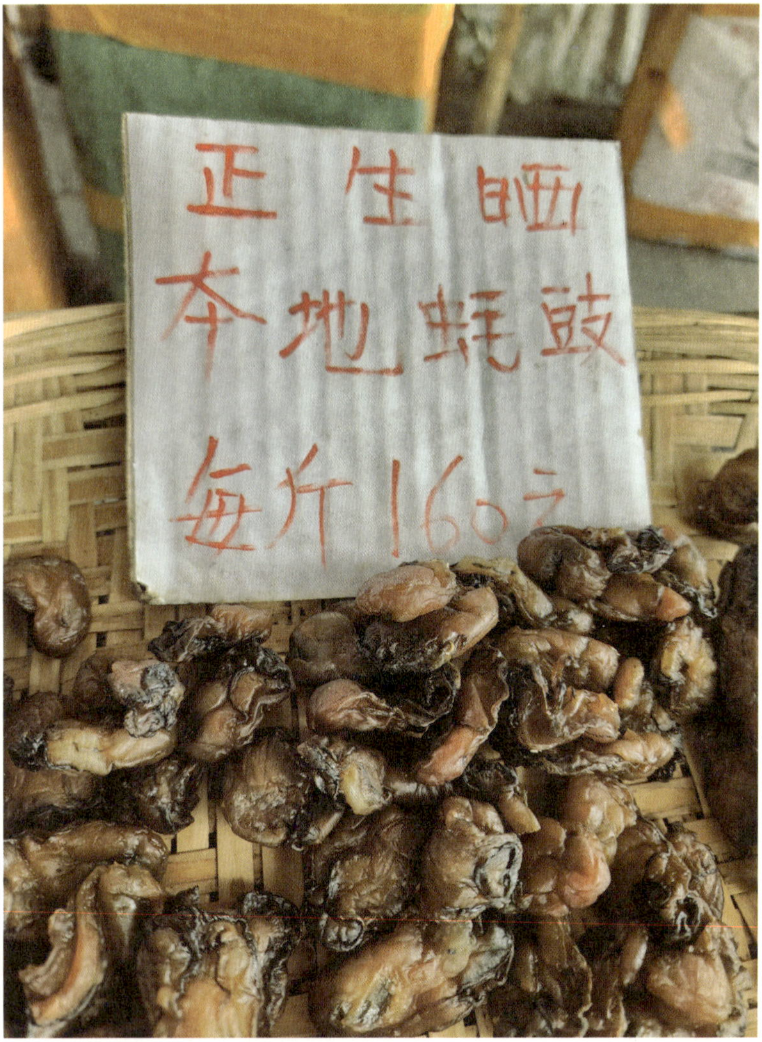

左上：生曬蠔豉，蠔味濃郁，用來煲湯、煮菜，都有獨特的味道。
左下：蠔肉受的日曬程度不同，會變成金蠔或蠔豉，同時影響製成品的顏色和乾濕。

流浮山與香港蠔

流浮山以產蠔著名，連起蠔民的日常生活，樹峰從小目睹、接觸，見證地區的變遷與產業的興衰。遊人看來，流浮山是買乾貨、食海鮮的地方，對第三代蠔民樹峰來說，別有一番獨特的意義。「我的角度多帶私人感情。第一，流浮山是我長大的地方。第二，家人就是靠這裏的產品把我養大。將這兩點結合，就能綜合我對流浮山的特別感情。這一行，在我的生命中佔據很重要的位置，我不希望這行業消失，我更加希望，流浮山的養蠔產業可以有更好的發展，令社區變得更好。」樹峰三言兩言，整合人生的重要元素，他談及時不禁激動，蠔水、人情，組合成樹峰個人的香港故事。

擴闊到整個香港，蠔與蠔產品的推廣仍有待加強，「香港蠔」不單是物種和學名，更應該是香港人值得自豪的事，從地區養殖到餐桌食用，滿滿都是技藝、文化和歷史。「香港有很多方面都很進步，但是「煙火氣息」較重的東西，相對較少。我覺得養蠔產業就很能夠體現這「煙火氣」（接地氣，具生活氣息）。如果能夠將養蠔產業變成香港的地方特色，發展出手信，那麼流浮山的養蠔產業，就是香港面向世界的一張獨特名片。」樹峰提到蠔，總是滿懷壯志，待心情稍為平伏，又會替青黃不接的蠔業擔憂，因為老一輩不再做，下一代也未必願意接手，能像樹峰一直堅持的，不多。「『香港蠔』用我們香港來命名，是十分有意義的品種。我常說，香港蠔這物種不會滅絕，但我最怕看到的是，『香港蠔』再沒有香港人去養。如果是這樣，我覺得有點遺憾。」樹峰又再陷入沉思當中。

從過去到現在，甚至是將來，樹峰的生活和蠔，連起密不可分的關係。蠔自小至大，由濕到乾，濃淡稀稠，樹峰都一一接觸過，就他看來，蠔以及相關的種種，與他建立起微妙的關係，樹峰笑說：「對我來說，就是又愛又恨。我們期望牠每年都很肥，但現實又不會這樣。恨是因為蠔有時十分難服侍，因為不可控的因素太多，我們可以控制的很少；愛，就是蠔長久以來支撐我們整個家族，自己從小到大，蠔一直都在身邊。」蠔豉、蠔酒由蠔製成，不單是食材，也不止是生財工具，當中練就出技藝，維繫了家族，傳承三代人的汗水，標誌住地方的名聲。樹峰掃了掃手機的養蠔相片，感覺在翻看自己的日誌，他緩緩補充：「我會將蠔視為我的夥伴，當然，這個夥伴有時不太聽話，談合作少不免會吵架。但無論如何，找到這個好夥伴，令我們有不錯的收入，也經歷不一樣的生活。」

右：流浮山后海灣有大量蠔棚，香港蠔適時供蠔民採收。
下：裕興蠔油公司位於流浮山，仍有製作不同款式的蠔油出售。

樹鋒自小觀看蠔業操作，海邊收蠔、岸上曬蠔、蠔棚養蠔，是工作，也是生活。

蠔豉 ｜ 製作過程 Procedure

01 撈取流浮山的新鮮蠔，準備傳統開蠔用具「蠔啄」

02 蠔民習慣在海邊即時開蠔

03 用蠔啄挑起蠔肉

04 逐一在蠔篩排好，準備晾曬

05 放於日照強的地方晾曬，適時翻面，去除水份

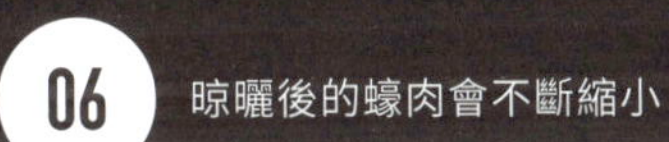

06 晾曬後的蠔肉會不斷縮小

07 準備出售的蠔豉，收取放於竹篩，供遊人挑選

Making Technique

08 蠔豉以外，蠔肉可曬成半乾的金蠔

09 蠔豉與金蠔，仍可細分曬乾的程度，影響乾濕、大小、色澤、價錢

中華文化

「蠔即『牡蠣』也。其初生海島邊，如拳而四面漸長，有高一二丈者，巉巖如山。每一房內，蠔肉一片，隨其所生，前後大小不等。」

——《嶺表錄異》

從古到今，蠔與人的生活息息相關，取蠔、賣蠔、燒蠔、煮蠔，古籍早就有記載，韓愈、蘇軾的詩詞當中，都有活現蠔的字句。蠔的記錄，唐代《嶺表錄異》說得十分詳細，引文如下：「蠔即『牡蠣』也。其初生海島邊，如拳而四面漸長，有高一二丈者，巉巖如山。每一房內，蠔肉一片，隨其所生，前後大小不等。每潮來，諸蠔皆開房，見人即合之。海夷盧亭往往以斧揳取殼，燒以烈火，蠔即啟房，挑取其肉，貯以小竹筐，赴墟市以易酒。肉大者，醃為炙；小者，炒食。肉中有滋味，食之即能壅腸胃。」蠔依石相依生長，形成凹凸不平的小石山，每一殼內藏蠔一片，自然生長，大小不一。有說盧亭是「魚人」，書中原注說「盧亭好酒，以蠔肉換酒也」，所以會用斧頭劈打，取整隻蠔，再用火將殼燒開，挑肉放入竹或木編成的盛器，到市場換酒。文中描寫的吃蠔方法，現在仍然流傳，肉大的可以稍醃火烤，如現代加入蒜蓉、醬汁、芝士，再放於殼上烤炙。肉小的可以炒食，混和薑葱快炒，或用來炒蛋、煎炸成蠔餅，一樣美味。

清代《香山縣鄉土志》也有專談「蠔」的段落，記錄當時養蠔的生態，以及後續跟蠔相關的生活，文中提到：「即『牡蠣』，水淡則蠔死，然太鹹則瘦，大約淡水多處蠔易生，鹹水多處蠔易肥。黃梁都、厓口及澳門青洲等處多蠔塘，塘在海中無實土，但生蠔處即是海邊，居人婦女能打蠔，潮退乘木器行沙坦，鑿蠔肉納於筐，潮長乃返。鮮食之外，其焙乾者曰『蠔豉』。焙時所出之液曰『蠔油』，品頗貴重。唐家鄉以二物為出產大宗。」蠔通常生於鹹淡水交界，鹹淡不同對蠔有易長、易肥的影響。「黃梁都」位於古時的香山縣，現時納入珠海市斗門區。「厓口」即現在的「崖口村」，位於中山市東南部沿海地區。青洲是澳門西北部的半島。蠔塘位處海邊，運用已有泥灘養蠔，潮退時可以用木製移動工具，如「木泥馬」，在泥灘滑行，鑿收蠔肉。以前蠔豉、蠔油著名的「唐家鄉」，現位處珠海市香洲區「唐家灣鎮」。

蠔肉收取之後，可烘乾作蠔豉，流出的汁液可煮成蠔油。蠔豉可生曬製成，也有生曬、熟曬的分別，清代《清稗類鈔》談「蠔豉」，提到：「唐家、雞拍諸鄉最著。每年采蠔以擔計，每擔肥者可曬蠔豉二十五觔，瘦者約二十觔。每擔蠔湯可煮蠔油二觔。蠔豉有生曬、熟曬之分，生曬味最清甘，熟曬稍熟，然可久藏，販買者俱以熟曬為率。」「雞拍」即現時的「雞山村」，同為「唐家灣鎮」轄下地方，對出就是南海「唐家灣」，有一島名為「蠔田島」。「觔」通「斤」，收來蠔肉，可「生曬」成蠔豉，味濃純清。或進行「熟曬」步驟，先煮後曬，可以存放更長時間，當時的蠔販與顧客，都是買賣熟曬蠔豉的較多。而煮熟曬蠔豉所剩的湯，可以慢煮為蠔油。《清稗類鈔》另說：「香山有蠔油，以調食物，略如醬油。」參看同屬清代的《香山縣志》，書中有「蠔油」一條，說：「煎蠔汁爲油，味勝鹽豉，與蝦醬爲本邑製造品之特色。」「香山縣」後易名為「中山縣」，清代《廣東通志》記「中山縣」一條，提到地區名物，「蠔油」也榜上有名，書中記載：「屬內山少田多，約計河田、坑田不下萬頃，故出產以穀米為大宗，其餘菓蔬、蠶繭、魚蝦等亦不在少數，而尤以蝦醬、杏仁餅及蠔油等項為最出色。」

蠔豉要曬，蠔油要煮，調味料當中，鹽的製作同樣有這兩個步驟。從古至今，鹽都佔有重要地位，宋代《夢梁錄》早提到：「每日不可闕者，柴米油鹽醬醋茶。」「闕」字古可解作「缺」，鹽每天都需要，烹煮調味，鹽封烤焗，上鹽鹹醃，飲膳食療，都會用上鹽，後來轉成現代所說的「開門七件事」。鹽的製作，因應地區與方法，有各種設置和工序，演化出各地的歷史文化。其中「海鹽曬製技藝」，於 2008 年同時由浙江省象山縣、海南省儋州市，申報為「國家級非物質文化遺產代表性項目名錄」，記錄當地富特色的製鹽技藝。

製鹽之法，宋代《雲麓漫鈔》已有詳細記載：「淮浙煎鹽，布灰於地，引海水灌之。遇東南風，一宿鹽上聚灰，暴乾，鑿池以水淋灰，謂之『鹽滷』。投乾蓮實以試之，隨投即泛，則滷有力鹽佳。值雨多即滷稀，不可用。取滷水入盆，煎成鹽。」淮河、浙江一帶製鹽，引海水入儲鹽的灰坑，坑中鋪滿植物的灰，用來吸附海水中的鹽份，再曬乾，再用水淋灰，過濾出滷水。用蓮子來測試滷水的鹽度，滷水鹽度高，蓮子立即浮。如果遇雨天，滷水鹽度低，蓮子不太浮，就不能再進行下一個步驟。滷水及格，就可以再煮成鹽。

清代《廣東新語》，同樣提到製鹽時的儲水鹽度，跟天氣與水流出入有關，文中提到：「鹽有鹽田，鹽之為田也。於沙坦背風之港，夾築一堤，堤中為竇，使潮水可以出入也。天雨水淡，晴水鹹。潮消則放淡水使出，潮長則放鹹水使入也。」於海邊平坦處築堤。「竇」即是孔洞，堤邊有孔讓水流出入。晴天時滷水鹽度高，下雨天滷水鹽度低，得靠潮退時放去鹽田的淡水，潮長時放入鹹水，增加鹽度。製法除滷水煮鹽外，還可靠純日曬，清代《漳州府志》談製鹽法，說：「舊有煎鹽、有曬鹽，近多用曬法。」清代《香山縣志》延伸到兩種鹽的名稱，指：「曬鹽俗名『生鹽』，煎鹽俗名『熟鹽』。」

從製法可分熟鹽、生鹽，還可依鹽的質地細分，清代《廣東新語》說：「生鹽浮游於面，不雜泥沙，其白如雪，則為『鹽花』也。」純色白，結晶細，就是鹽花，現在仍有流傳。北魏《齊民要術》另有「造花鹽」、「印鹽法」的記錄，就是用水加大量的鹽，先製滷水，再曬成想要的結晶大小，曬製方法如下：「好日無風塵時，日中曝令成鹽，浮即接取，便是『花鹽』，厚薄光澤似鍾乳。久不接取，即成『印鹽』，大如豆，正四方，千百相似。成印輒沉，漉取之。花、印二鹽，白如珂雪，其味又美。」「花鹽」就是「鹽花」，漸積如鍾乳石成形。如不收取，凝結如豆，呈正方形，像小璽印，故名「印鹽」。印鹽較重，多沉底，需過濾收取。鹽無論初製或重製，都需要繁複工序，因應天時，靜待時機，鹽雖細小，藏於日常，但細究各處文化，毫不簡單。

06

蝦膏蝦醬製作技藝

Shrimp Paste and Shrimp Sauce Making Technique

勝利香蝦廠

話說非遺

最早認識蝦膏、蝦醬，是兒時搜索雪櫃的時候，打開雪櫃門，看看有多少汽水、零食，好奇旁邊的瓶罐，大小高矮不知裝了點甚麼。有次打開玻璃瓶，飄出一陣鹹味，裏面是灰粉紅色的醬料，試了一點，是濃縮的海鮮味，後來家母用來炒菜、蒸肉片，才知道這是蝦醬的味道。以前蝦醬出現的機會較多，到大牌檔、中餐廳吃飯，很多時會點西蘭花鮮魷，隨餸菜奉上的蘸醬，就是蝦醬或海鮮醬，酒樓要大方一點，有時兩款醬料都會配備，現在反而越來越少見。蝦醬不單用來蘸海鮮，蘸西蘭花、西芹一樣好吃，白飯也多吃幾口。

2014 年，「蝦膏蝦醬製作技藝」列入「香港非物質文化遺產清單」，不少人到大澳遊覽，走到海邊，乘着微風，聞到一陣鹹鮮味道，就知道越來越接近蝦醬廠。蝦醬裝桶，蝦膏生曬，散發陳香，陽光擔當加持作用，用自然的手法加添美味，味道與風景交織出大澳風情。穿街過巷，接觸街坊，走訪店舖，還有蝦膏炒飯、蝦醬蒸鮮魷，綜合體驗現代漁村的生活。想要帶走風味，分享大澳氣息，不少人會購入蝦膏、蝦醬，當作特色手信，或是親戚朋友早就知道行程，已經點明要買特定的款式回去，蝦醬辣或不辣，粗或幼細，蝦膏大塊細塊，都一樣有捧場客。

年輕一代接觸蝦膏、蝦醬的機會越來越少，只因大眾的飲食習慣改變，未必時常選擇品嘗中菜，即使一家大小走進中餐廳，亦不一定會點選相關菜式，甚至餐廳根本沒有以蝦膏、蝦醬作為調料。記得有次舉辦跨代飲食活動，「老友記」說自己

上：蝦膏一磚磚晾曬，每一面都要照到充足的陽光。
下：蝦醬醃好入膠桶，可以存放好一段時間。

會吃蝦醬、蕎頭，小學生就愛吃泡菜年糕和雞蛋仔；當場交換食物試味，小學生也不像預期般抗拒，有一半能夠接受蝦醬和蕎頭的味道，這例子說明對食材的認識在於嘗試，而味道的喜惡，不完全跟年齡相關。

蝦膏、蝦醬味道特別，有些餐廳刻意用來顯現特色，例如：大澳炸雞翼、蝦醬豬扒包，就用了蝦醬來醃製肉類，再作烹調。蝦醬炒飯、蝦醬炒通菜算是比較常見，不過飲食的傳承，還得靠多吃多接觸，傳統小菜加上創新菜式，可以有效接觸更多食客。記得香港文學中，有故事講到用南乳來塗三文治，自己曾心血來潮，用蝦醬來塗多士，味道着實不錯；加入其他調料、餡料，為傳統滋味注入創新意念，可讓傳承之路更易走。

技藝訪談

——勝利香蝦廠第三代傳承人
李學斌（Hago）

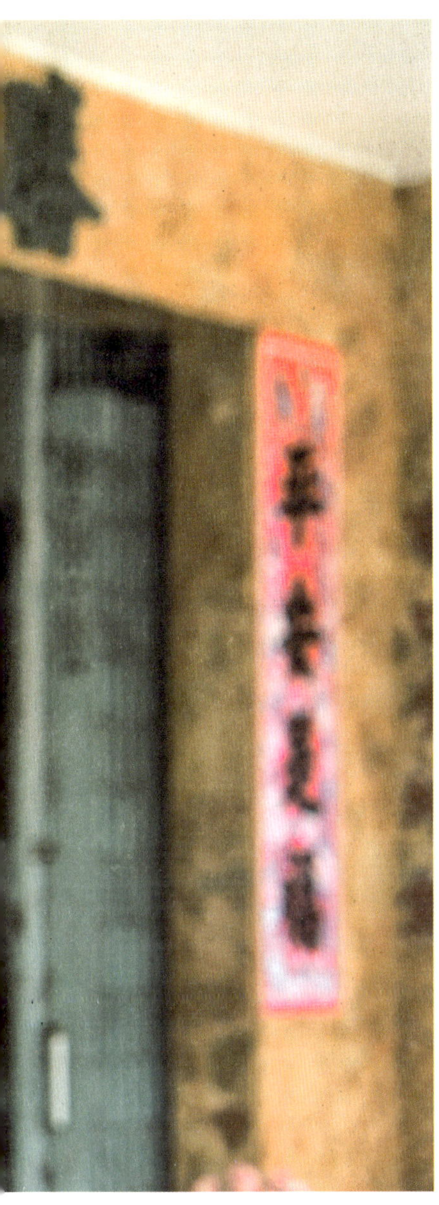

勝利香蝦廠對出海岸，停泊了一些駁艇，Hago 邊看邊訴說舊時製作蝦膏蝦醬的日子。

嚴父出高徒

站在勝利香蝦廠的門口，望向海邊，迎面吹來海風，陽光與熱力夾擊，人伴隨蝦膏曝曬、脫水，空氣中瀰漫着類似蝦醬炒通菜的味道。這個大澳獨特的場所，就是 Hago 成長與工作的地方。Hago 曾經當過廚師，入行原因是喜歡煮食，加上家業做蝦膏、蝦醬，就想嘗試多接觸其他食材。後來他從父親手上接棒，傳承三代人的家業，以及蝦膏蝦醬的製作技藝。Hago 回憶少時，訴說現在，總是離不開醬料，因為他自小在店舖長大，即使到區外讀書，假期仍是會回來，十多歲就開始幫忙。「最開始的時候，自己還是小朋友，爸爸不會讓我落手，怕我『搞亂檔』。我只是幫手斟茶遞水，因為他們工作時十分熱，飲杯『涼浸浸』的凍水，會比較舒服。看到爸爸在反蝦膏、攪蝦醬，自己其實一直在邊看邊學。」Hago 邊說，邊看着旁邊晾曬的地方，回憶兒時出入店舖的情境。

「真正入行是 2008 年，因為家裏要人幫手；爸爸年紀開始大，體力沒有以前好。製作步驟不離日曬雨淋，日曬要反蝦膏、蝦醬。雨淋就『大鑊』啦！一陣過雲雨殺來，蝦醬、蝦膏曬時一窩窩攤開，一次二、三百窩，雨來了要將窩全部疊起，因為蝦醬、蝦膏不可以淋濕。疊好了，過雲雨一過，又要逐窩攤開，完全是體力化的工作。」Hago 說來激動，模擬雨淋時緊急收攤的過程，眼看收放其實不難，不過數量太多，加上動作要快，天天專心看顧，就變成專業的事。Hago 回來接手第一天，不是先學一部分，而是「由頭做到落尾」，早上六點起牀，到晚上六、七點仍未做完。食過晚飯，還要去幫忙入樽、包裝，「真係一腳踢，全部由頭學過一樣」。

搬窩需要體力，製作需要技藝，技藝需要知識的傳授，加上經驗的累積，當時 Hago 日復日跟爸爸學習，實際的情況究竟是如何？是否手把手的教學？ Hago 衝口回應：「當然不是！一定是責罵多，『梗係唔係咁做啦！』大概是這些。上一輩的教育，多數都是這樣。我覺得無問題，因為鞭策才會有進步，爸爸如何責罵，都是想我改進、進步。」Hago 看了看天色，到曬場反了反蝦膏，談到學藝過程中的失敗例子：「製作蝦膏、蝦醬，講究蝦和鹽的比例，比例不對，成品就一定不行。鹽太少會影響發酵，鹽太多味道會太鹹，只能怪自己的標準拿捏得不好。」

右：蝦膏晾曬，整齊排好，構成大澳的獨特風景。
左：蝦膏、蝦醬以外，勝利香蝦廠還有蝦乾、鹹魚出售，同樣需要經過日曬。

等雲到

Hago 回大澳接手勝利香蝦廠，轉眼已有十多年，坦言當時轉換工作與生活方式，還是有點不適應，最不習慣是沒了城市的夜生活，雖然大澳生活舒服，但是十分「靜」。要耐得住「靜」，還要忍受「等」。從小回家幫忙，Hago 覺得製作蝦膏、蝦醬不算困難，最大的感覺是，製作確實需要很長時間，他解釋：「製作程序真的很花功夫，『要陪蝦膏、蝦醬一齊曬』，是一件挺難捱的事，因為太悶了，做好一個步驟，也要等時間過去，要一直看管住。」等時間過有時候不難，按按手機，外出吃飯，飲茶閒聊，時間很快就過。不過 Hago 的「等」，是要憑經驗的等。「等的時候一定要觀察天色，如果有團雲飄過來，就要事先做準備；所以我爸爸也是『天文台台長』，教曉我怎樣看潮汐漲退，怎樣看下雨的機會大不大。有時颱風要來的時候，我也懂得看天色，平常黃昏的時候，天色通常都是

右：攪伴蝦醬可先用機器，最後仍得用手拿工具操作和感受。
左：使用攪拌捧，上抽下搗，將蝦醬攪勻，既需大量體力，也要幼細技巧。

黃色的，但如果是刮風前夕，天空會是紫色的。」Hago 訴說「靠天吃飯」的生活，除了製作蝦膏、蝦醬的元素，還得預測天氣，將陽光加入，將雨水剔除。

追問製作蝦膏、蝦醬，最重要是甚麼？Hago 堅定說是「天氣」：「天氣絕對是最要緊的，一定要有猛烈陽光。蝦膏和蝦醬經陽光曝曬，自然會滲出一種濃濃的香味，那是蝦獨有的味道。當然，也要掌握曬製的時機與工序，因為天氣難以預測，若配合得不好，整個過程都會出問題。」天氣好，陽光足，鮮味四逸，Hago 拿起蝦膏反轉：「這叫『返蝦』，意思是我們將一窩窩蝦膏、蝦醬曬一個多小時，然後底面反轉，將濕的材料變成乾的醬料。」蝦膏將要曬好，所以反轉不難，難處在於如何令蝦膏變成這個狀態，要靠經驗、技法和天時。見到蝦膏當中有黑點，好奇是甚麼？Hago 解釋是蝦眼，因蝦膏是用整隻銀蝦打爛製成，整塊都可以吃用。

研磨蝦醬

勝利香蝦廠對出，仍放着三個石磨，是 Hago 爺爺最初用來研磨蝦醬的工具，Hago 笑言自己也沒用過，歷史故事都是來自爸爸。Hago 翻起上磨盤，指劃着說：「這裏有些坑紋，愈磨會愈平滑，用三、四個月，就要將坑紋再鑿出來，維持住凹凸的程度，就可繼續磨。」後來當然換成電動研磨機，方便之餘，減少很多體力消耗。打蝦醬的工具，也加入電動的工業用攪拌器，放入藍色膠桶，開機轉圈上下攪拌，蝦醬會變得幼滑均勻。然而，手藝操作始終是關鍵，後續需要換入木製的攪拌捧，以人手前後左右移動，再上下翻動，令整桶蝦醬的味道均衡。「這一下上挪動，全憑手感，用機器較難感覺，從人手操作可以知道，桶內蝦醬的稀稠程度，可以加減其他桶的蝦醬作調節，以控制品質一致。」攪拌棒被蝦醬黏附，上下抽動費力不易，是體力加上技巧的工作，並非機器能隨便取代。

勝利香蝦廠
Shrimp XO Sauce

勝利香蝦廠
蝦羔
成份 銀蝦
鹽
此日前食
CONSUME BEFORE
食前必須煮熟
幼滑蝦醬
醃鹽咸魚

左上：年代久遠的石磨仍保留在店鋪外，見證三代人的經驗傳承。
左中：蝦醬有數種款式，迎合不同口味的食客。
左下：蝦膏曬好，入袋封存，簡單樸實，傳承舊日的風味。

優質銀蝦製蝦膏

勝利香蝦廠經營將近百年，蝦膏、蝦醬的製作方式，沒有太多轉變。Hago 提起以前的工序，指漁民通常在下午四時出海，以拖網方式持續捕撈銀蝦仔，直至夜晚甚至凌晨，以捕得新鮮蝦隻。翌日清晨五、六時，漁民便會將蝦運至勝利香蝦廠外的碼頭，碼頭一次可以停泊數艘漁船。香蝦廠的人則駕駛駁艇前往，把蝦一籮籮裝入竹籮中；瀝出多餘水分後，每籮銀蝦實重約有六十至八十斤。Hago 補充說，若遇上收蝦旺季，每艘船平均可帶回三十至四十籮，單次來貨便有三至五艘船，實收總量可達萬斤之多。蝦收妥後會進行初步分類，隨即用於曬製蝦醬與蝦膏。

蝦膏、蝦醬同樣製自銀蝦，選料和製法都有分別，Hago 仔細說明：「優質的銀蝦會製成蝦膏。蝦膏不用發酵太久，直接將新鮮的鹽醃銀蝦再攪成蓉，就可以直接曬，所以蝦膏『淡口』，但味道較鮮。蝦膏大概用兩日時間，就可以製成磚。第一日，早上四點左右收完銀蝦，加鹽打爛，就可以鋪平曬成薄片狀，曬好備用。第二日，將蝦膏薄片搓勻壓模，做成一磚磚再曬。如果陽光充足，曬到四、五時左右，就可以包裝出貨。」蝦膏曬成固體，手執拿起，蝦香飄逸，是陽光加技藝的重量。至於蝦醬入桶存放，指沾淺嚐，是另一種味道。「質量一般的鹽醃銀蝦，會先倒入藍色膠桶，再多放鹽，用攪拌器攪爛，讓蝦肉發酵數日。蝦肉味道較濃，但會變為流質，所以製成蝦醬。」Hago 打開桶蓋，一一講解製作過程。

現在的製作方式，跟以前大同小異，不過部分工序已無法在香港完成，Hago 說：「政府在 2012 年尾，收回拖網牌照，他們沒猜到銀蝦都需要拖網撈捕，之後香港再無新鮮銀蝦收取。其實改用圍網方式也可以圍到銀蝦仔，但數量一定不像以前那麼多。漁民覺得不能再像以前般賺錢，就選擇不繼續下

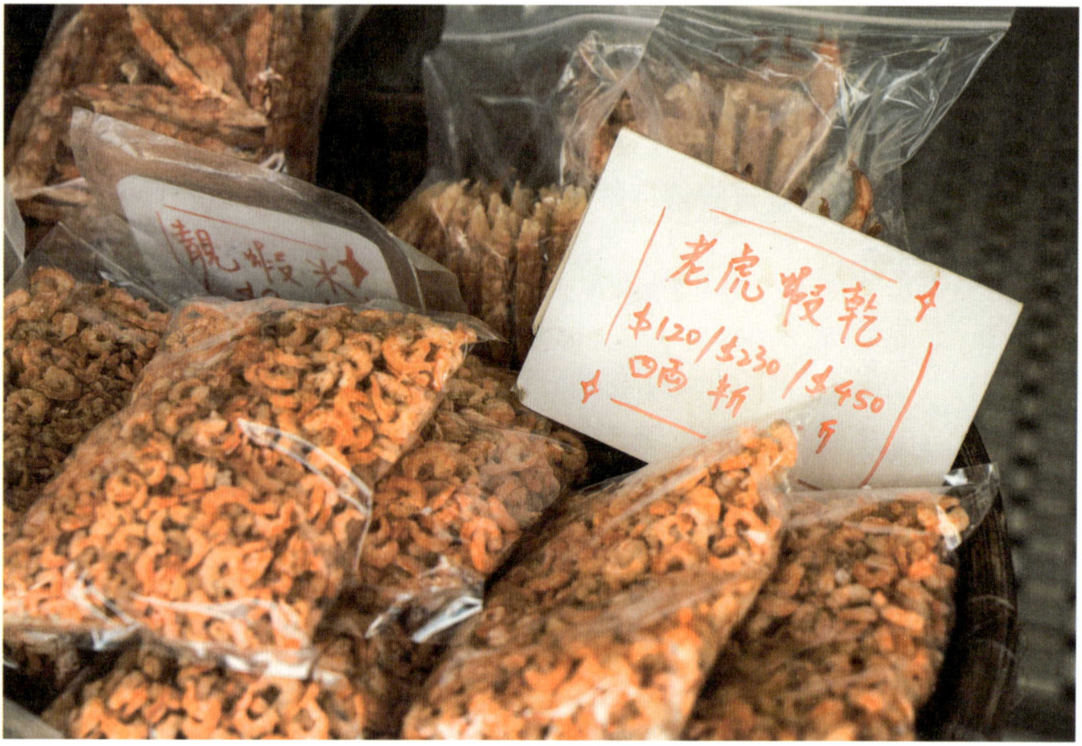

左上：蝦乾、蝦米直接曬乾，不用外加其他製作步驟。

左下：Hago 為遊人介紹不同產品，提供貼心的烹煮意見。

去，陸續將漁船出售，轉做其他行業。銀蝦撈捕行業無法繼承，令到我們再無新鮮蝦收，也就無銀蝦鋪出來曬。」前期撈捕的行業消失，斷了重要材料來源，大澳名物面臨消失，近百年的老店幾乎一朝盡毀。

幸而 Hago 爸爸想到轉型的生存方法：「我們將收蝦的程序北移，中國沿海地區仍有收銀蝦，例如：台山、茂名和周邊地方，我爸爸看到香港無得收蝦，就北上找漁船、漁民幫手收。收完之後，就將發酵、『搞爛』、曝曬等部分工序北移，他們做好就一桶桶運過來，我們再看情況做配合。」傳統工藝，遇到結構性的影響，能做到因時制宜，運用策略，維持一貫製法和食品水準。是 Hago 爸爸李錦平師傅，再一次運用製作蝦膏、蝦醬的實戰經驗：等待、觀察、預測、及時應對，才能將局面扭轉。

原始的味道、日常的味道

蝦膏、蝦醬是大澳名物，不少香港的餐廳和家庭，都會購入備用，配搭各種食材，帶出海的滋味。「蝦膏、蝦醬能夠帶出食材的味道，尤其是海鮮，例如白灼魷魚，本身有些許魷魚味，但是蘸了蝦醬，味道就多了一層，將海鮮的味道再提鮮。」Hago 結合煮法講解，接續談到，蝦膏、蝦醬是大澳的特產，遊客很容易就會聯想得到，加上廣東人都喜歡用這些醬料烹調，是以蝦膏、蝦醬跟廣東一帶的飲食文化有緊密的關係，算是其中的重要一員，Hago 也覺得與有榮焉。

鹹鮮經廚房的溫暖傳播，反觀在香港製作蝦膏、蝦醬的人其實不算多，面對重重挑戰，技藝怎樣在勝利香蝦廠傳承下去？ Hago 爽快回應：「現在靠我了，自己回來接手家業，已是傳承的一部分，孩兒承傳爸爸的東西，爸爸又承傳爺爺的東西，已經是兩代傳承了。現在我們會辦工作坊和學校導賞團，通過活動，將勝利香蝦廠的故事，以及蝦膏、蝦醬的製作方法，介紹給下一代。」傳統的蝦膏、蝦醬，年輕一代不一定會接觸，口味也受到當下的食物選擇而改變，那該怎麼辦？「他們『幫襯』我們就可以了。飲食確實是依個人口味，喜歡與不喜歡，我們沒有辦法控制。總之，大眾要多點嘗試。真的有小朋友聞到蝦膏、蝦醬，說很臭，不喜歡，其實我都能理解。好像小時候不吃苦瓜，但吃過兩、三次，也會覺得好吃，之後會開始喜歡吃。」Hago 一邊說，一邊留意往來的遊客，有家庭、情侶、朋友、行山客，Hago 補充，希望香港人多些來大澳，光顧之餘，來感受一下海和山，行經勝利香蝦廠門口，就會聞到蝦膏、蝦醬味，都是自然、原始的味道，構成特別的體驗。

用作烹調，炒菜蒸肉，蝦膏、蝦醬就成為日常的味道。Hago 提到自己的吃法，切些蝦膏弄碎加糖，放電飯煲蒸熱撈飯，已經足夠好吃。飲食以外，Hago 小時候認為蝦膏、蝦醬是爸爸賺錢的事業，現在自己接手勝利香蝦廠，認知到是需要付出努力去營運的一盤生意。鹹鮮滋味，縈繞整棟店舖與住家，凝聚三代人靠海日曬的生活，談到個人對蝦膏、蝦醬的看法，Hago 沉思一會，靦腆地說：「蝦膏、蝦醬是維繫家人感情的一件事，勝利香蝦廠、家族生意、蝦膏、蝦醬，就等於兄弟姐妹、父母、爺爺，彼此牽連的緊密關係。」

右上：勝利香蝦廠第二代掌舵人李錦平師傅（圖左），為經營和傳承費盡心血；旁為李師傅太太。

右下：第三代掌舵人 Hago，了解到父親的工作與辛酸，留守香蝦廠，承繼衣缽。

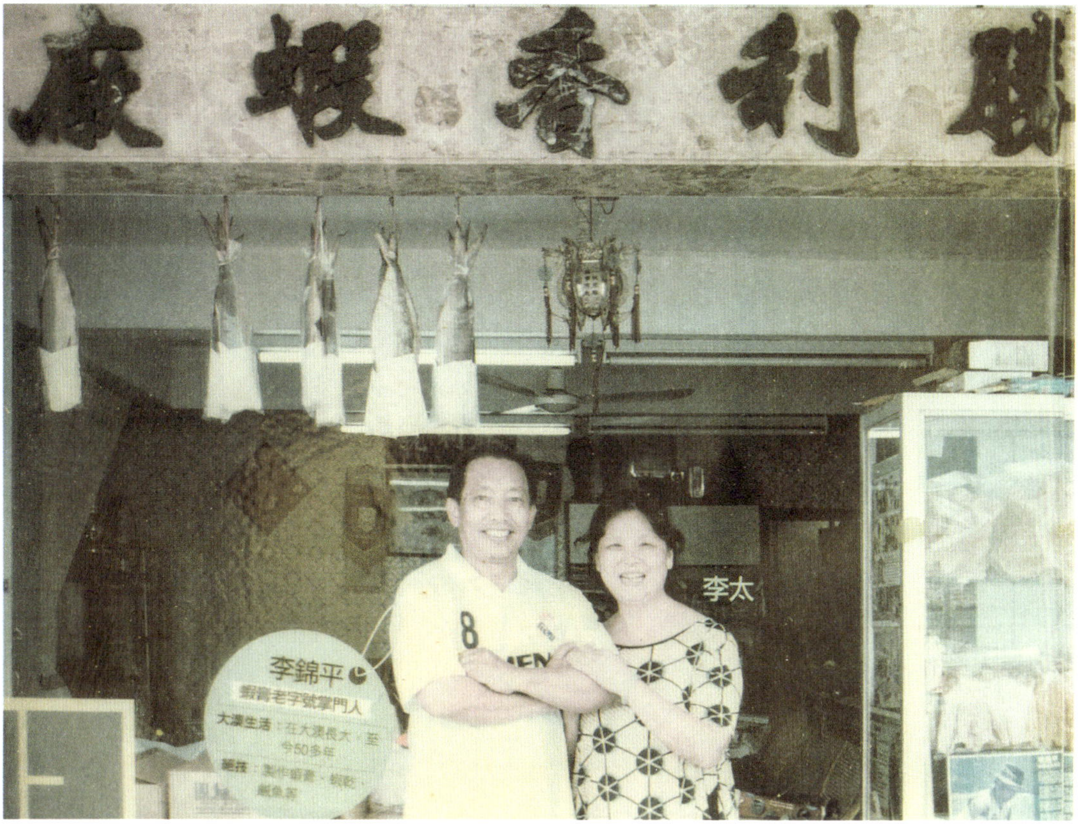
聯利香蝦廠
李錦平
大澳生活
李太

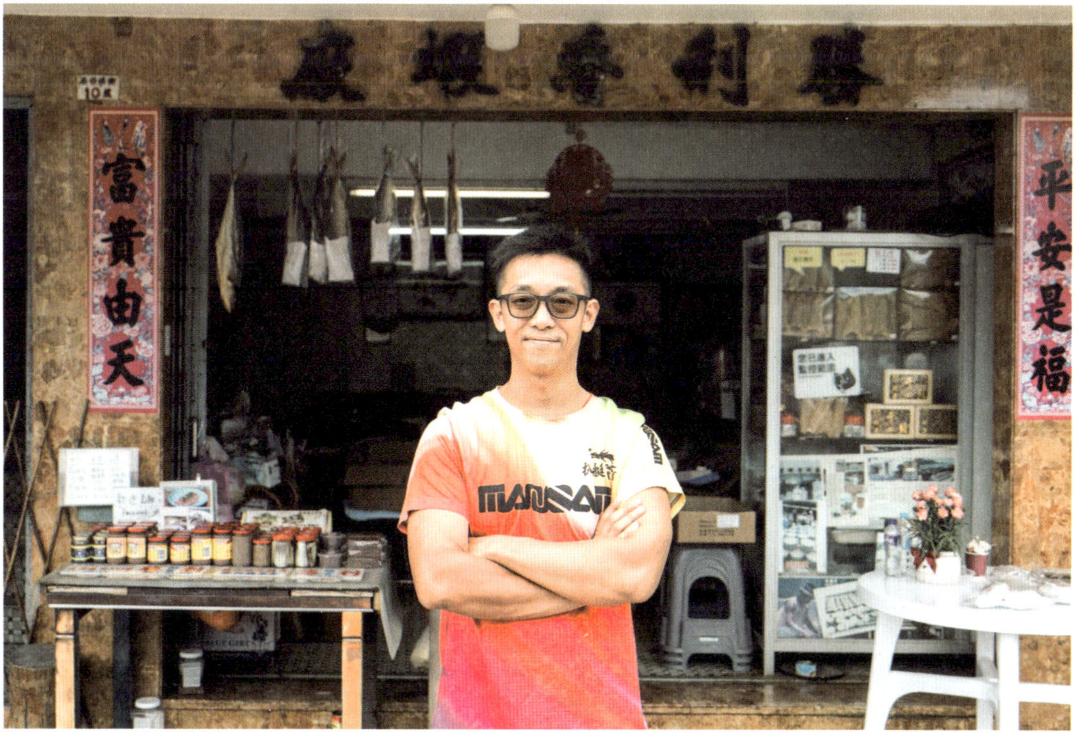
聯利香蝦廠
富貴由天
平安是福

壁畫記錄舊時蝦膏、蝦醬的製作過程，圖畫隨年月褪色，部分製作蝦膏、蝦醬的步驟，現已無法在大澳看到。

蝦膏 | 製作過程 Procedure

01 以前收來的銀蝦一籮籮，如今晾曬蝦膏、蝦醬的前期工序，部分已經北移，在內地處理

02 銀蝦攪爛，攤平曬乾，推壓入模，再切開四份晾曬

03 蝦膏的六面都要曬到，較濕的一面要多曬，憑眼看與手感判斷

04 曬好的蝦膏套入膠袋，大小剛好，包裝不是想像中容易

05 蝦膏成磚形，易於收藏。另有再鮮味的蝦膏，用膠盒盛載

蝦醬 製作過程 Procedure

01 現在的蝦醬用機器磨好，最早時期用的石磨，已變成展示的古董

02 蝦醬於膠桶存放，入樽前，先用工業攪拌器攪至均勻細滑

03 電動攪拌器同時可轉圈攪動，省卻不少精力

04 Hago 取出特製攪動棒，底部有圓盤，方便將蝦醬推到底，再抽盛上來，令上下均勻

05 攪動棒上下抽壓，十分費力，用力不當，更會令蝦醬四濺

06 攪動棒慢慢抽出，能看到蝦醬的張力與顏色

07 蝦醬依研磨的粗幼，分別入樽，貼上招紙出售

中華文化

「蝦一斗，飯三升為糝，鹽二升，水五升，和調。日中曝之。經春夏不敗。」

——《齊民要術》

蝦膏蝦醬味美，同時是古人轉化食材、考慮久存的方法。北魏《齊民要術》早就有提到「作蝦醬法」，做法如下：「蝦一斗，飯三升為糝，鹽二升，水五升，和調。日中曝之。經春夏不敗。」「糝」就是飯粒，很多時候是用來發酵，當時添飯加水的製法，現時看來比較特別，因為現代製作蝦醬的主要材料只是蝦和鹽，成醬方法不同。古時蝦醬的內涵不定，清代《番禺縣志》另有提到：「泥蝦糜之爲『蝦醬』。」「泥蝦」實際是浮游生物，加上魚卵、蝦卵，泥蝦未煮時像泥，煮熟後會變成橙紅色，因而得名。清代《廣東新語》對泥蝦有詳細的解釋：「產新會者卵稍粗，滋味益好，燒之通紅，紅故鮮明多脂而可口。次則番禺深井、江勒海所產。村落間家有數甕，終歲醃食之，或以入糟，名『泥蝦』。」用甕醃製泥蝦，食俗對應《番禺縣志》所說的蝦醬。

製作蝦醬所用的蝦，各有不同，清代《香山縣志》記載：「銀蝦色似銀，可作『蝦醬』。」用的是銀蝦，至現代亦常用於製蝦膏、蝦醬。另見清代《南越筆記》談到蝦醬的材料和製法，詳述：「其蝦醬則以香山所造者為美，曰『香山蝦』。其出新寧大襟海上、下二川者，亦香而細，頭尾與鬚皆紅，白身，黑眼。初奄時，每百斤用鹽三斤，封定缸口。俟蝦身潰爛，乃加鹽至四十斤，於是味大佳，可以久食。」文中提到的蝦，出自台山市對出海域，與香山銀蝦不同。蝦醬的做法，就是蝦加鹽醃製發酵，再打成醬。

蝦醬不為南方獨有，清代《宦遊筆記》談到：「遼東大淩河出蝦醬、蝦油，皆甘美。平海又出一種小蝦名『紅毛子』，作蝦醬尤佳。今浙江寧波及蘇州皆有蝦醬，味亦佳。」大凌河位於現在的遼寧省錦州市，加上浙江省寧波市、江蘇省蘇州市，古時都有蝦醬出產。蝦醬可用於醃肉、蒸炒，煮法多端，清代《觚賸》記載一種創意食法，應該沒太多人試過：「粵中荔枝，必俟五六月紅熟，方以甘鮮擅名，非其候則攢眉螫口，不可下嚥。倩為獨嗜純青者，蘸以香山鹽蝦醬，一啖百枚。嘗曰：『人間至味，無逾於是。』」荔枝當造，甘甜多汁，若然未熟，酸溺難吃。古代有獨愛未熟荔枝，蘸蝦醬來吃，說是人間極品，味道如何，着實無法想像。

蝦膏的製法，與蝦醬相似，清代《香山縣鄉土志》談到：「東南近海諸村均製之，恭常都、唐家鄉最良，擣（粵音：島，同「搗」字）銀蝦成虀，鹽漬之，味甘香。略乾而細者，曰『蝦膏』。」「恭常都」位於現在的珠海市，銀蝦搗爛鹽醃，曬乾的為蝦膏，現在多倒模成磚。

非遺對讀．．醬油

醬油，粵語又稱「豉油」，中式煮菜常用，添色添味同樣出色。家母說，她小時候家中物資緊絀，以充飢為主要，蔬菜肉類都不一定出現，不時只是吃「豉油撈飯」，偶爾會加點豬油，當時已覺得味道不錯。為了體驗家母兒時的生活，自己小時候也嘗過「豉油撈飯」，配搭出來的味道着實不錯。以前豬油是自家炸煉，現時家中少見，餐廳有高配版的「豉油撈飯」，燒豬油、頭抽，配缽仔蒸飯，油香鹹鮮，很多食客都要特意點選。

醬油釀製的方法不簡單，需要手藝、配方和時間，2008 年上海市浦東新區、2014 年四川省合江縣，先後將「醬油釀造技藝」，申報納入「國家級非物質文化遺產代表性項目名錄」，傳承浸蒸、發酵、曬榨等工藝。香港亦於 2014 年，將「豉油釀製技藝（本地醬園）」，納入「香港非物質文化遺產清單」。釀製醬油主要用豆，黃豆最為常見，明代《易牙遺意》的「醬油法」，就是用黃豆為材料，提到：「黃豆挼去衣，取一斗淨者，下鹽六斤，下水比常法增多。熟時，其豆在下，其油在上。」書中的步驟描寫較為簡單，現時依法製作，不一定能成醬油。

同屬明代的《古今醫統大全》，有「造醬油法」一條，記錄的釀製方法十分詳盡，原文如下：「三月間造起為妙。用大黃豆二斗煮爛去湯，將豆置大盤內，以白麵拌和得過為度。以乾草鋪板上，草上鋪席，將拌過豆鋪席上二寸厚，豆上蓋荊葉、蒿草之類，罨之二三七，起黃衣白毛取出曬乾。每斤入好淨鹽四兩，水量入缸內曬，早午攪二次，曬至五六月將油取出，別以缸盛。曬豆醬已乾，別用竹套套下，盡取其油。將豆磨為醬，再加紫蘇涼湯，曬成醬用。」煮黃豆、拌麵粉、蓋發酵、入缸曬、取酒、製醬，皆為主要釀製步驟，現在仍然沿用，或依此改良。

粵地用醬油，歷史很長久，見明代《廣東通志》有說：「普通使用，則以黃豆之用途爲廣，廣東人對於黃豆之用途，以榨油及製醬、醬油爲大宗。」豆油、豆醬、醬油皆為黃豆所製，食俗流傳至今。醬油釀製技術和用料，可以各施各法，清代《養小錄》有「祕傳造醬油方」一條，提供了不同的醬油做法：「好豆渣一斗，蒸極熟，好麩皮一斗，拌和。罨成黃子，甘草一斤，煎濃湯，約十五六斤，好鹽二斤半，同入缸。曬熟。濾去渣，入甕，愈久愈鮮，數年不壞。」材料是用豆渣，外加麩皮，即麥的皮屑，還有甘草，做出獨特風味的醬油。清代《西寧縣志》談到，醬油可用黑豆製作，說：「取烏豆煮曬，鹽製爲豉，以豉水再曬，則爲豉油。」「烏豆」又名「黑豆」，現在仍有不少黑豆醬油，可供選擇。

醬油的用法廣泛，清代《清稗類鈔》「茗飲時食乾絲」一條談到，當時的揚州人，到茶室品茶時，會以豆腐乾切絲，作為茶食，調料就用到醬油，書中記載：「揚州人好品茶，清晨即赴茶室，枵腹而往，日將午，始歸就午餐。偶有一二進點心者，則茶癖猶未深也。蓋揚州啜茶，例有乾絲以佐飲，亦可充飢。乾絲者，縷切豆腐乾以為絲，煮之，加蝦米於中，調以醬油、麻油也。食時，蒸以熱水，得不冷。」「枵」解空虛，「枵腹」就是空腹的意思，空腹喝茶，腸胃不一定適應，正餐時間沒到，就吃些點心或「乾絲」，乾絲就是豆腐乾切絲，煮熱加蝦米、醬油、麻油，吃時翻熱，現代要重現也不難。

三 親手包製篇

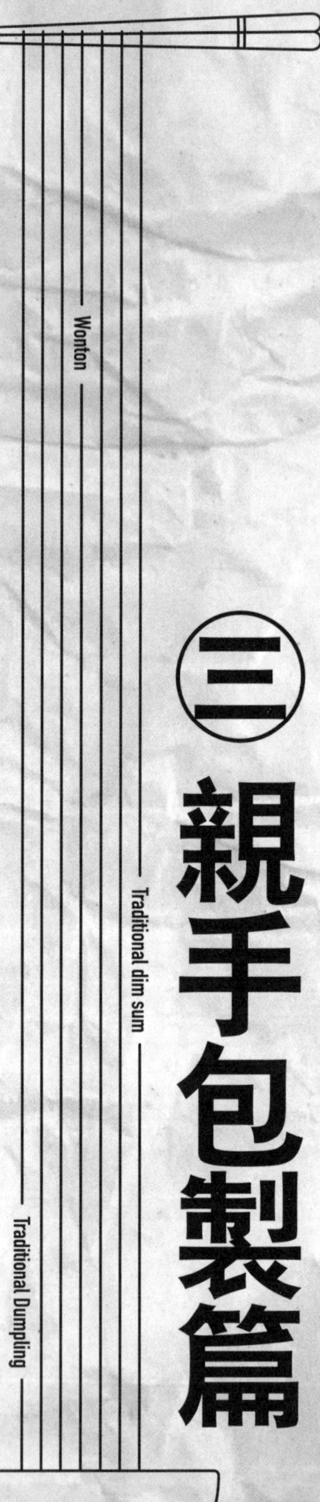

07

茶樓點心製作技藝

Traditional dim sum Making Technique

香港君悅酒店港灣壹號

話說非遺

香港的日常用語，不少都跟點心有關，常聽長輩說要去「歎一盅兩件」，朋友作別會講句「得閒飲茶」，還有「飲啖茶，食個包」都是曾經的潮流用語。語言連繫生活，茶與點心常掛口邊，側面反映上茶樓在香港人心目中的重要性。香港人口中的「飲茶」，以吃點心為主，喝茶品茗反而是其次，蝦餃皮薄，燒賣餡靚，堆碟疊籠；水滾茶靚，普洱再歎幾杯，報紙再看幾頁。

點心有蒸煎炸焗，道道精彩；功夫有包捲搯搓，樣樣皆能，盡顯中華文化烹調技藝的豐富變化。「茶樓點心製作技藝」，2014 年納入「首份香港非物質文化遺產清單」，保存、發揚香港點心的特色與文化。香港人喜歡吃點心，我從小就知道，屋邨茶樓常常爆滿，要不早到早享受，遲到就要等上好幾輪。入坐開茶，才是真正覓食時間的開始，要耳聽八方，眼明手快，聽到點心姐姐叫賣，點心對口味的，便四周張望點心車位置，再取點心卡，火速過去。茶客的覓食之道各有不同，溫文的在旁稍等，性急的自找自取，重點在接過蒸籠後，要手不怕熱，拿得要夠穩。

蝦餃、燒賣是大家必搶的點心，熟客得點心姐姐通風報信，早就在廚房門口等候，點心車一出，眨眼間就被一堆茶客搶光；現代酒樓用點心紙下單，無法再見識明星點心的震攝威力。蝦肉已嘗，再來包點，自己年少時常吃的是叉燒包、麻蓉包，後來換成了奶黃包、菠蘿叉燒包，再後來是流沙包、雪山叉燒包，見證點心師傅的傳承與創意，將中華文化與港式文

蝦餃於粵式點心，從來都屬於明星級數。

化徹底融和。軟綿的腸粉大眾同樣喜歡，叉燒腸、牛肉腸、蝦腸，可說是傳統腸粉三式，新式的有松露雜菌腸、春風得意腸，豐富了腸粉的內涵。記得小時候還有煎糕車，煎齋腸、蝦米腸，配豉油、甜醬、麻醬，自蘸自吃，家人還笑說愈吃愈「混醬」。長大後吃 XO 醬炒腸粉，也很好吃，卻已經沒有煎糕車，沒有即場煎煮，吃法都不同了。

點心製作技巧多，食材同樣豐富，蝦餃爽彈，燒賣肉多，叉燒包軟綿，牛肉腸順滑，蝦米腸焦香，食客一定能找到心頭好。吃得再精細一點，專吃綿花雞的魚肚，馬拉糕選糕邊，炸饅頭要蘸滿煉奶，潮州粉果點辣椒油。鹹甜酸辣，茶客依口味選擇，個人獨享，二人同行，三五知己，親戚良朋圍坐，都一樣能夠在茶樓點心中展現自我、融入大眾，真正在餐桌上做到和而不同。

陳漢章
CHAN HON CHEONG

技藝訪談

——香港君悅酒店港灣壹號中菜行政總廚陳漢章

從不懂到搞懂

陳漢章師傅（下稱「章哥」）身穿雪白廚衣，從廚房走出來，精神抖擻，沿樓梯走到玻璃窗旁邊的圓枱，看籠剛蒸好的蝦餃，訴說自己與點心的故事。章哥 1991 年入行，當時仍未滿 18 歲，章哥笑言「還拿着兒童身份證見工」。章哥持有港、澳兩重身份，因為父母持有香港身分證，自己在澳門出生，最後選擇到香港學中菜。問及最初為甚麼入行？章哥拋出簡單原因，就是讀書不成：「爸媽說讀不了書，不如找門手藝學學，鼓勵我去做廚師。早一兩年有些澳門街坊朋友，背景、情況跟我相似，都來了香港做廚房，學師做中菜，我循件相同途徑，找朋友介紹。」

章哥開始接觸中菜，似是年輕人見步行步的決定，現在回看，其實早就暗藏與中菜的緣分，更重要是父母的支持。「我爸媽了解比我多，說如果我要學中菜，一定要來香港，真是獨具慧眼。我的第一份工，經朋友介紹，到大會堂酒樓工作，那時還有『推車仔』賣點心。」章哥憶起，不忘感恩。他清楚記得，第一日上班是十月一日，十月二十日就是他的生日，滿十八歲，章哥就是這樣入行，一做就是三十多年。

初入行，廚房「嚫仔」大多被分派處理雜務，不過雜務繁多，各人的經驗未必相同。章哥入行第一項工作，就是打雞蛋，炒飯、咕嚕肉都會用到。隔起的蛋白，可以做蟹肉粟米羹，或者黏威化紙做海鮮卷。由於茶樓、酒樓的雞蛋用量多，

左：陳漢章師傅對點心情有獨鍾，一直在傳統中尋找創新。

章哥要每日打雞蛋，再用手分好蛋黃、蛋白各一盆，絕不是想像中簡單。章哥第二份被指派的工作是釀豆腐，他說以前賣很多「百花釀豆腐」，布包豆腐，四四方方，斜角開邊，兩邊平面釀入蝦膠備用。實際操作上，當然不容易：「經常整爛豆腐，因為未做過，不懂避重就輕，有時蝦膠釀得不好，會『甩』，都是因為技術不足。其實應該先吸一吸豆腐的多餘水份，再用生粉拍一拍，再釀蝦膠，將邊緣位置抿好。蒸起的時候，蝦膠會收縮，就不容易彈出來。」章哥邊說邊模擬示範，不懂的搞懂，不熟的做熟，道理看似簡單，發現、思考、訓練、改進，能做到的人着實不算多。

點心製作技藝多

中菜廚師，學習層層遞進，學好一樣再一樣。章哥開始接觸點心，大概是入行的三、四年後，自己當了數年「打荷」（即廚師助手），累積到一定經驗，才有基礎去看看點心如何製作。章哥說，如果你經驗不夠，師傅也不會理會，得先做好自己本分，未學行就不要先學走。當時點心、燒味、廚房三個部門，

下：蒸籠看似一式一樣，內裏幻化出各種精彩的點心。

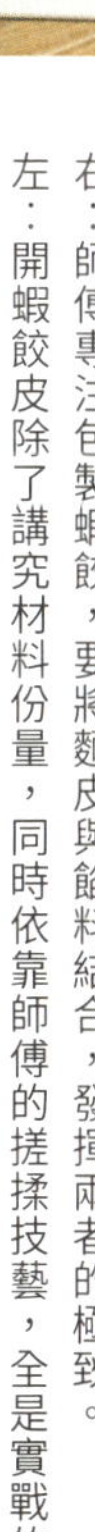

右：師傅專注包製蝦餃，要將麵皮與餡料結合，發揮兩者的極致。
左：開蝦餃皮除了講究材料份量，同時依靠師傅的搓揉技藝，全是實戰的經驗。

分工清晰，甚少交流，章哥想要學習點心，有自己的一套想法：「我覺得點心賣的價錢不算很高，但十分受歡迎。叫點心的人客，比例上會比叫廚房、燒味的更多。加上我覺得點心較多元化，有蒸、有炸、有焗、有煎，十分廣泛。」點心多元，正正就是吸引力的所在。點心製作技藝多樣，變化多端，但凡事總有開頭，章哥回憶第一款製作的點心，同樣是百花釀豆腐，「之後就加個蛋白圈上去」，多了一重步驟，完成整道點心，後來還學了做牛肉球，都是入門級的簡單點心。

點心製作手藝多，變化出不同樣式和層次，云云點心當中，總有一些特別考功夫，章哥特別提到炸芋角，「炸芋角算是容易失敗，炸的時候要控制油溫，炸到鬆起、起絲，要掌握技術，如果每次都要做到一樣效果，就要考師傅功架。」章哥指手劃腳，詳細解說。蝦餃製作同樣考功夫，章哥說，自己學習兩、三年，已經可以包到蝦餃。正式當上師傅之後，再思考用更好的食材，或者改進蝦餃的外型。說製作點心難，訓練好技藝過後，章哥覺得更難的是維持穩定水平，他指出：「最重要和最難的，是每日 Keep 住點心的水準穩定，這是我工作多年後，總結出來的重點，就算工作三、四十年的點心師傅，要出品穩定也不是一件簡單的事。你一定要花很多心機，或者十分專注，要對點心很感興趣，才能做得到。」出品的穩定，需要精神專注，同時講求堅持。

用心做的蝦餃

章哥的點心，每天都在尋求進步，一直製作，一直學習，時常跟團隊研究，點心如何可以做得更好，再逐漸去微調、修正。談到蝦餃所選用的蝦，章哥顯得十分雀躍：「以前用越南蝦，或者河蝦，或者質素較一般的蝦。我現在轉用法國藍天使蝦，暫時我覺得是最好、最穩定的，且夠爽口，加上有環保認證。我經常會微調點心的製作過程，甚至食材。」蝦肉以外，筍同樣是蝦餃的重要一環，章哥會依食材的時節，改用最好的材料。「譬如用筍，冬筍當時『靚』，就用冬筍，如果冬筍當季已過，可改用龍芽甜筍，一樣好。食材我會這樣調整，有更多發揮空間，不一定一年三季都用冬筍，如果不優質，用了也沒意思。」章哥嚴肅地逐點指出。每款選用的食材都通過思考和配搭，加上手藝的調整，才能做出心目中的好點心，製作出一籠精緻的蝦餃。

愛吃蝦餃的人，或許都有疑問，十三摺是不是蝦餃皮的黃金摺法？章哥回答，傳統上說是十三摺，其實應該是十三摺左右，摺得愈多，外型愈靚；有些摺痕明顯的，皮就會比較厚。「看你想要多摺、外型看好，還是要吃下去皮薄，兩者要取捨。例如『公仔點』金魚餃，外型十分精緻，但相對上皮會厚。」要賣相好還是味道好，難以兩全其美，所以點心製作同樣有局限。傳統做法以外，點心與時並進，適時可以加注創意，也為餐廳帶來名聲。章哥說，港灣一號的點心甚獲好評，得到食客

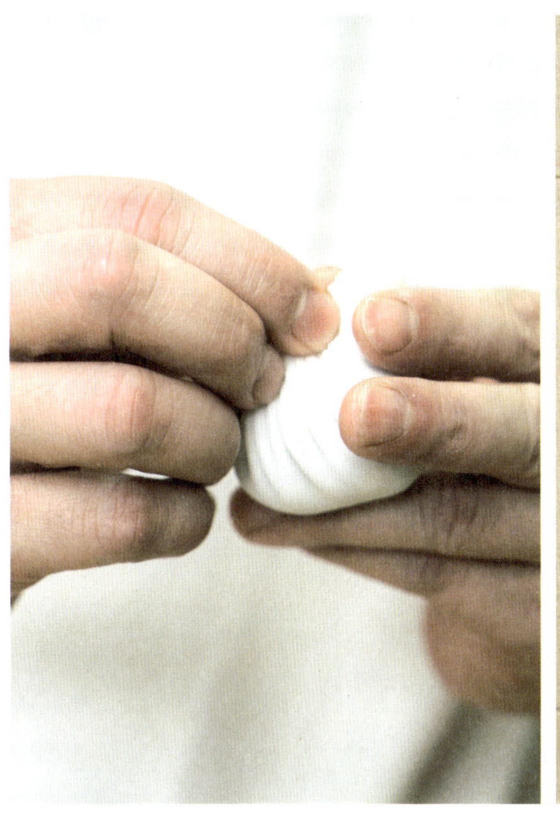

右：蝦餃要做到油潤飽滿，麵皮分明，蝦餡鮮爽，才算是高水準，殊不簡單。

左：仔細摺疊蝦餃皮，不單為求外形美觀，同時要平衡皮的厚薄，達至最佳口感。

的肯定，但維持質素的同時，也需加添新鮮感，章哥細說：「以前有星期美點，每星期有幾款點心轉換，為客人帶來新鮮感。我們將這個理念加入餐廳，每兩個星期，換一次特色點心，客人每次到來，都可以吃到不同的點心。」精緻食材會加入和牛、牙魚、黑豚肉，再自行研發新的醬料，製成麻辣鮮蝦魚米餃、羊肚耳滑雞餃，豐富點心的味道和可能性。

堅守點心的品質

點心做得好，就要思考傳承問題，章哥還是同一句，「首先要 keep 住出品」，以維持高質點心作首要，繼而廚師團隊能夠不斷加入創意，在食材上增值，研發出更多樣的點心。「點心有好質素，食客不斷有新鮮感，那就可以繼續傳承下去。」 聽起上來簡單，背後要有清晰的目標，加上持久的執行力，才能併合出點心傳承的最好環境。章哥清楚指出：「食客多些來吃點心，是最基本的支持，如果點心無人吃，師傅就會欠缺證明。以這家餐廳為例，如果點心相對賣得少，或數量不達標，老闆不會再請這麼多點心師傅，師傅的價值逐漸減低，點心製作再無空間發展，最後就會漸漸滅亡。」所以識飲識食，已經能夠幫助點心的傳承，章哥補充，點心要多吃，還要四處吃不同檔次的，比較之下，就能夠了解點心的共通點，找到好點心的要求和準則。

章哥工作，每日必見點心，幾十年光景過去，會不會也有厭倦的時候？問及點心與人生，章哥愈見精神，說自己放假、工餘時間，都以飲茶優先。「歸根到底，我的心都是想去飲茶，因為我自己感覺最舒服，可以坐下來，飲杯茶，跟住吃不同的點心。可想而知，我有多喜歡點心，可以說已經融入生活的一部分。」章哥強調，身體語言是「無得呃人」的，雙腳想去茶樓，腸胃想吃點心，平日當食客，輕鬆享受。工作時，心態換轉，嚴謹堅守點心的品質，從傳統中創新，傳承中華點心的故事。

右：一籠蝦餃，皮薄透餡，摺痕分明，叫人賞心悅目、胃口大開。
下：章哥心心念念都是點心，期待在傳統中加以創新，傳承技藝。

點心（蝦餃）製作過程

Procedure

01 蝦餃採用法國藍天使蝦，是章哥特意挑選的，蝦味足，較爽身

02 其他的材料有澄麵和生粉，另有菜油、煉豬油、豬板油、冬筍粒，調味料包括：糖、鹽、雞粉、麻油

03 澄麵加熱水開皮，用小棍攪開

04 加些菜油，皮更光滑

05 加入生粉搓開，搓皮講求手腕力度

06 蝦餃皮搓好，用保鮮紙包好備用，以防水份流失

07 蝦肉下鹽同搓，先搓至「起膠」，黏性更好

08 再落糖、雞粉、麻油調味，加入煉豬油、豬板油、冬筍粒

09 蝦肉調製好，備用待包

10 準備拍皮刀、染滿菜油的布，拍皮之前布上輕抹，免皮黏刀

點心（蝦餃）｜製作過程 Procedure

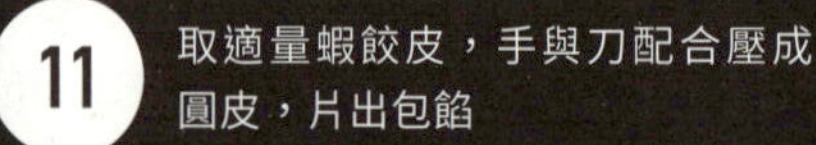

11 取適量蝦餃皮，手與刀配合壓成圓皮，片出包餡

12 放入預先調好的蝦餃餡

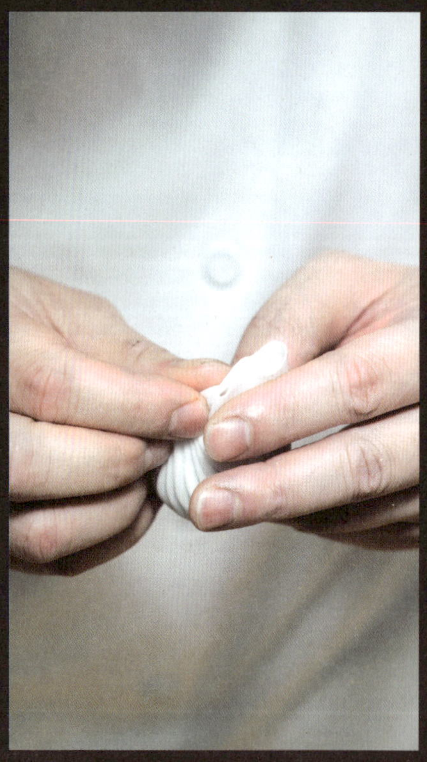

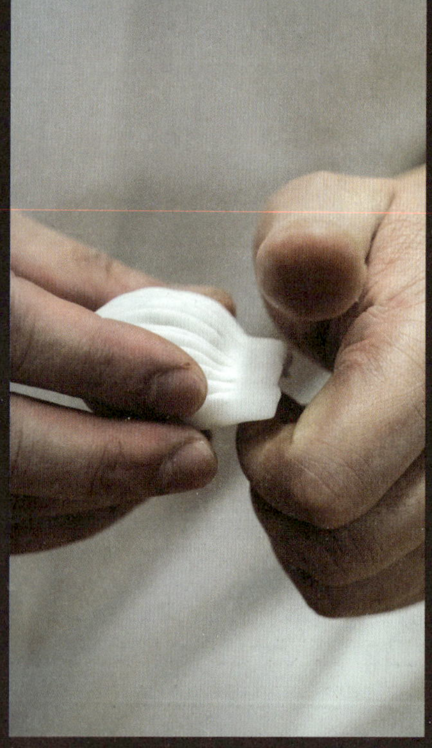

13 人手摺出十三摺左右

14 手指按壓成形，確保開口處黏實

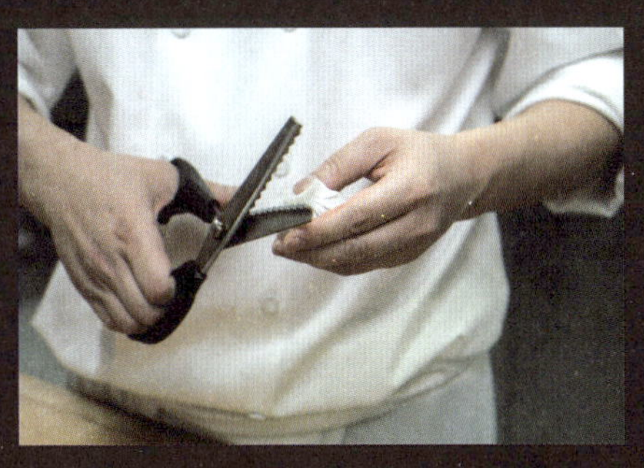

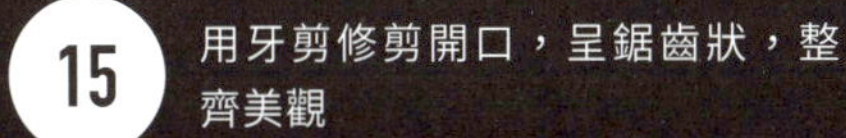

15 用牙剪修剪開口，呈鋸齒狀，整齊美觀

16 蝦餃一籠四粒，雪白似玉，仿如白瓷藝術品

17 大火蒸四分鐘

18 出爐蝦餃晶瑩剔透，油潤飽滿

中華文化

「今以早飯前及飯後、午前、午後、晡前小食為點心。」

——《南村輟耕錄》

「點心」一詞，早見於南唐的《金華子雜編》，故事講述夫人因事趕不及吃早餐，想要轉移吃點心，意思就是正餐以外的小食。南宋《能改齋漫錄》有專談「點心」一條，指「世俗例以早晨小食為點心」，說法與現在「飲早茶，食點心」的習俗一樣，主要品賞各式點心，很少吃麵飯、餸菜。古時吃點心的時段也沒太多規限，元代《南村輟耕錄》提到：「今以早飯前及飯後、午前、午後、晡前小食為點心。」大概黃昏前想要吃點心都可以。

現在的點心大眾化，適合任何食客，可以因應材料、手工、茶樓位置、招呼質素來選擇。清代《清稗類鈔》說「今世之食點心者，非富貴之人，即勞働者也。」當時吃點心，或以勞動人口較多。富人或到名店閒坐，品茗嘗點，或家廚已能搓製點心，足不出戶，已可細味。書中續談：「米麥所製之物，不以時食者，俗謂之『點心』。」點心多見米麥，再配多種食材，古時於正餐外吃，現在完全可以充當正餐。米麥以外，《清稗類鈔》專門提到「點心之餡」，詳說：「餡，點心中所實之物也。或為菜、筍、菰、蕈，或為牛、羊、豕、雞、鴨、魚、蝦之肉，味皆鹹。或為豬油、雞油而加以果實，則甜。」蝦餃、燒賣、牛肉球、糯米雞、鴨腳扎，鹹食點心，可以輕易舉例。豬油加蓮子變成蓮蓉，可製包點。雞油加綠豆製成綠豆蓉，可製月餅，配搭與製法一直流傳到現在。

點食多種多樣，《川沙縣志》說「點食」，羅列多款食物，說：「邑人每於休閒時或宴客時，做角黍、湯團、饅頭、餃子、餛飩、春捲、麵餅、月餅等均品充飢，謂之『點心』。」不少應節食品都納入點心的行列之中。因應地方的食材和習俗，衍生出各地點心的特色，《廣東通志》解說廣東對麥的應用，不免提起點心的重要性：「廣東對於麥之需要，雖不如華北之甚，然亦不可謂輕也。第一要用為造麵食及雲吞皮、鹹甜飽、蝦餃，故都會之茶樓茶室。」蝦餃、炸雲吞、叉燒包，都要用上麵粉，呈現粵式點心的特色。《清稗類鈔》談「京都點心」，詳說北京點心，製法與意念都不一樣，文中談到：「京都點心之著名者，以麵裹榆莢，蒸之為糕，和糖而食之。以豌豆研泥，間以棗肉，曰『豌豆黃』。以黃米粉合小豆、棗肉蒸而切之，曰『切糕』。以糯米飯夾芝麻糖為『涼糕』，丸而餡之為『窩』。窩，即古之『不落夾』是也。」「榆莢」又名「榆錢」，因為細小、形似銅錢而得名。現代人仍有用榆錢和麵粉，加糖蒸糕，是北京的傳統糕點，與《清稗類鈔》所談的一脈相承。豌豆黃、切糕和涼糕，同樣是流傳到現在的小食，製法與古時相同，只是加添的材料更加多樣。「窩」，現在又叫「窩窩」或「艾窩窩」，是以蒸熟糯米包餡料，搓成團子，現代的製法一樣。《清稗類鈔》談到的多款北京點心，一直流傳至今，形成地方的飲食特色。現在交通發達，食肆跨地開設，要到茶樓食肆，品嘗一處的在地點心，變得越來越容易了。

非遺對讀·燒賣

中式點心多款多樣，即使品類相同，用料、製法上也會有不同的發揮。香港吃到的燒賣，主要材料大概分為豬肉、牛肉、魚肉幾個類別，但肉與麵粉的比例多少？有沒有加冬菇、芫荽？是否再添蟹子、青豆？都有廚師和老闆的考慮，當然也有歷史、文化的累積。2008 年，江蘇省揚州市申報的「茶點製作技藝」就包含「翡翠燒賣」，翡翠碧綠，因為用了青菜，再加豬肉做餡，以綿白糖、鹽調味，麵皮包裹後，加醃火腿碎點綴。

「燒賣」是現在常見的寫法，正寫是取用同音字的「稍麥」，清代《揚州畫舫錄》就有提到：「文杏園以『稍麥』得名，謂之『鬼蓬頭』。」「稍麥」的解釋，連同形製和名稱，《濰縣志稿》寫得很清楚，說：「今京師賣者謂之『稍麥』，稍麥之狀如安石榴，其首綻開，中裹肉餡，外皮甚薄，稍謂『稍稍』也，言用麥麵少，今或呼如『燒賣』。」燒賣的特色是麵皮少而餡多，流傳到現代，燒賣的製法依然相同，像石榴一樣，中央有凸出的位置，內裏是各種餡料。麵皮包裹餡料，邊緣高低參差，如《揚州畫舫錄》所說的「鬼蓬頭」，「蓬頭」形容頭髮散亂，像燒賣沒有剪輯齊整的麵皮。

現代燒賣的形製，不一定參考傳統的做法，豬膶燒賣就沒有麵皮，鵪鶉蛋燒賣的麵皮反而從上到下覆蓋，都是從傳統演變過來的。燒賣用料各有所好，部分材料，現在仍一直沿用，見清代《清稗類鈔》談到「燒賣」，說：「燒賣亦以麵為之，上開口有襞積，形略如荷包，屑豬肉、蝦、蟹、筍、蕈以為餡，蒸之即熟。」「蕈」即菇菌。碎豬肉、蝦、菇常作燒賣的材料，燒賣加入筍，香港比較少見，蟹肉燒賣就從來未見過，清代《儒林外史》提到的「鴨子肉燒賣」，味道也只能憑藉想像。

清代《笥河詩集》記載：「雞卵溞以麥，佐用脂飴蒸肉餌，曰『燒賣』。」麵皮加蛋，變成黃色的蛋麵皮，是香港燒賣最常用的。豬油用糖醃，加入豬肉餡蒸熟。清代《調鼎集》同樣提到用豬油和糖，製作出「油糖燒賣」，言：「脂油釘、胡桃仁劏碎、洋糖包燒賣，蒸。」肥油切丁，再混和胡桃仁碎、糖作餡，包成燒賣蒸食。書中另有「豆沙燒賣」，做法如下：「赤豆磨細、生脂油作餡，捍菭麵皮做『燒賣』，蒸。」「捍菭」就是「擀薄」，薄麵皮包豬油混豆蓉的餡，現在仍有人製作。《調鼎集》另有記錄「雞肉、火腿，可配時菜包燒賣」，還有「海參燒賣」、「蟹肉燒賣」，加上現代的多種燒賣，足見燒賣從古到今都有很強可塑性。

08

雲吞
製作技藝

Wonton
Making Technique

話説非遺

小時候到粉麵舖，有些時段食客不算多，舖面有空餘位置，舖內的姨姨會拿出一盤雲吞餡放中間，有肉有蝦，右面一疊雲吞皮，左面一個方盤，取皮、撥餡、手捻、放盤，動作行雲流水，如入無人之境。姨姨包得快，因為雲吞賣得多，食客入店，不時會聽到他們喊「大蓉」、「細蓉」，轉眼望去，大多都是上年紀的街坊。小時不解，反正硬記「大蓉」代表雲吞和麵較多，「細蓉」相反，至於雲吞數量，似乎每家都各有標準。後來才知道有「中蓉」，不過從來沒聽過有人這樣點。「蓉」字來源，最常見的說法，是參考唐代詩人白居易《長恨歌》，當中一句「芙蓉如面柳如眉」，「面」、「麵」同音，用「芙蓉」借代「麵」，再依份量分成大、中、小。

飲食業有不少類似的術語，而「蓉」特指雲吞麵，不怕混淆。雲吞從皮到餡，調味、手法不盡相同，相關的「雲吞製作技藝」，於 2014 年納入「香港非物質文化遺產清單」，標誌雲吞技藝於香港的重要性。每個年代的香港人，總有自己成長時喜歡的滋味，以前不少長輩說，長時間外遊後回港，要立刻吃碗雲吞麵。不少移民外地的上一代，都談到自己對雲吞麵情有獨鍾。通過重溫數十年前的生活點滴，不難理解長輩的飲食習俗，不少人放工宵夜、相約朋友，都是在街邊的麵檔，坐下大喊點餐，雲吞麵即上，簡單啖吃，閒談說笑，不經不覺累積生活的痕跡，養成一代人的口味。

口味扎根味蕾和腦海，叫人閒時想要重溫，失去時想要找

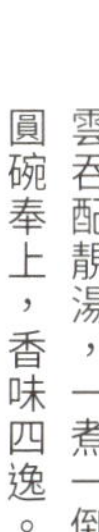

雲吞配靚湯，一煮一倒，圓碗奉上，香味四逸。

尋，遂形成個人連繫地方、年代、回憶的隱密組合，融合成令身心安穩的定海神針。雲吞有技藝、沒標準，肉多蝦多隨喜，大粒細粒隨心，再配各家的秘方湯底，一啜濃淡。還有加減的韭黃、葱花，再配大紅浙醋或辣椒油。麵底粗幼不一，製法也有不同，去湯乾撈，可選蠔油、蝦籽。一客雲吞麵，體現出個人口味，幻化成「皮餡麵湯」組合的多元宇宙。

十大碗
粥麵專家
TEN NOODLE SHOP

技藝訪談

——十大碗粥麵專家 Kenny 與家樂

累積兩代人經驗

拉開「十大碗粥麵專家」（下稱「十大碗」）的大門，滿逸大地魚的香味，Kenny 與樂哥兩兄弟早在店內來回，處理大小事務。弟弟樂哥掌管廚房、食物，哥哥 Kenny 負責公關、文書，一前一後，一武一文，支撐起店舖的日常，延續家族製作雲吞麵的手藝。煮湯、備料、包製的技藝，由二人的爸爸勝叔指導，樂哥雙手傳承。樂哥從小對煮食感興趣，回憶自己六年級時的作文，寫的志願也是當廚師。樂哥自小受勝叔熏陶，小時候常到工場探望爸爸，觀看打麵、炆牛腩、煲粥等工作，樓上工場樓下舖，食物都要用擔挑載好，下兩層樓梯到舖面出售。「小時候看到爸爸做雲吞麵，已經想跟爸爸一樣，覺得他『幾有型』。那時常常看他切切煮煮、煲湯、包雲吞，所以我六歲已經識包雲吞！」樂哥清楚憶說，換來 Kenny 的質疑：「真定假呀？我唔知嘅？」樂哥則指 Kenny 怕污糟，沒有到過工場，所以傳承不了爸爸的手藝，兩兄弟互相調侃，接續哈哈大笑。

爸爸勝叔的精專手藝，傳承自爺爺，問及爺爺與香港、雲吞麵的淵源，樂哥記得十分清楚，談到：「爺爺大概一九三幾年從廣州偷渡來香港，然後就在旺角黑布街自己擺檔賣雲吞麵，創立一番事業。後來我爸爸在大陸出世，跟住來香港幫爺爺手，他們兩父子一直在旺角『推車仔』賣雲吞麵，其實我們花都人，個個都識做雲吞麵。」後來媽媽懷着哥哥 Kenny，到麵檔幫手，一家人賣麵維生，再後來就是樂哥出生。

左：Kenny（左）與樂哥（右）兩兄弟合力，傳承爺爺和父親的味道。

堅守父訓，雲吞人手鮮製，童叟無欺。

雲吞麵已經累積兩代人的經驗，樂哥在十七歲時入行，理應以爸爸為師，承接傳統，但父親另有想法：「爸爸跟我說，跟他學習不會學得好，『兩仔爺教唔到你嘢』。所以他就找了一個資深的徒弟教我。」勝叔的細心安排是想樂哥專注投入工作，紮實學好基本功，他日在業內闖出自己的一片天。「我廿三歲已經當上廚房『大佬』，接着爸爸過來當顧問、幫我手。那三年時間，爸爸一直教我，看到有甚麼不妥當，就跟我說怎樣改良。」勝叔早有一套教學方法，一步步訓練樂哥成為廚藝接班人。

勝叔入行多年，從街頭擺檔到店鋪指導，手藝以外，也對 Kenny 與樂哥如何經營十大碗，有父傳子的教訓。「爸爸做雲吞麵十分堅持。第一，材料一定要『靚』，『如果唔靚，你就唔好做』。第二，他教我們做人，要像做雲吞麵一樣，不要騙人；拿這樣的貨，就賣這樣的貨給客人。我們受爸爸的教育，

要守規矩，要講步驟，要講手尾，我們叫作『手門』，十分緊要。他連一條毛巾有些少污跡，都不喜歡，要我們重新再洗。」勝叔做人做事一絲不苟，才能練就好手藝、維持好味道；個人堅守已經不容易，再將教誨傳到下一代，是嚴謹的經驗傳承。經驗以外，勝叔對出品同樣堅持，樂哥指，爸爸好想做回上世紀五十年代風味的雲吞麵，不過時代變遷，大家都知道無可能重做以前的味道。樂哥用自己的出品，來問爸爸意見，勝叔回答：「都有以前的七十多分」，勝叔也看得通透，明白世事不同，不過品質仍是要繼續堅持。

克服難點

樂哥可謂吃雲吞長大，小時候常在打麵的「麵床」睡覺，六歲時到工場接觸、幫手，埋下日後製作雲吞麵的種子。樂哥首先學的是「執麵」，將勝叔打好的麵條捲好上粉。「之前未見過，覺得很新奇，將麵執成一團，再排整齊，覺得很有成就感。」樂哥邊做邊感受，自小就從觸感開始培養興趣。後來樂哥真正學包雲吞，已數到十七歲的時候，跟爸爸的徒弟學藝。最開始是剝蝦殼，之後學習處理過程中要放甚麼材料，注意餡料的乾濕度，以及要打成怎個樣。學包雲吞，步驟不少，學習初期，樂哥覺得最難就是剝蝦殼。「開始時，覺得剝蝦殼很難，因為蝦肉黏殼很難撕下來，後來慢慢用時間，了解蝦的構造，不再用『死力』，要用陰力，手法柔一些，就剛剛好。」剝蝦殼能做到熟能生巧，不過備蝦肉只是其中一環，下一關的包餡才是最難掌握，他解釋：「學了兩年，才掌握到技術。最初可能一粒大，一粒小，大小不穩定，所以日日被師傅罵，罵足一年。自己不想被罵，就自己用手感覺一下，再調整。」樂哥補充，以前學師，師傅十分嚴格，工作不達標隨時會被師傅掌摑，唯有自己反省、改進：「猶幸我的師傅，教學十分深入，會將自己整套技藝傳授，活學好用。不像現在大部分的師傅，教學不全面，不會傾囊相授。」當然，樂哥師傅是勝叔的徒弟，教學時一定不會有任何怠慢。

年代不同，製雲吞麵所面對的困難也跟隨改變，學師時剝蝦殼的難點，到現在已不成問題。「現在不用剝蝦殼，好了很多。反而最難是『煲個湯』，燒大地魚要花時間，燒到兩邊金黃色，再依步驟，先後加入配料：湯骨、蝦子、蝦米、蝦乾、胡椒粒，再一齊煲，起碼要煲四個鐘，火候好緊要，一定要用細火煲。」製雲吞麵工序多，步驟仔細，也花時間，稍一不慎都會影響出品。樂哥年少入行，不免也有輕狂的時候。樂哥就曾在燒大地魚時出意外，細說：「湯我們每天朝早處理，七時回來，煲到十一時左右。回想以前燒大地魚煲湯，也出過意外。當時跟爸爸共事，前一晚多飲酒，全身酒氣回去開舖，自己燒『燶』魚，煲湯全是『燶』味，爸爸一聞已經知道不行。最後湯要重新煲過，當日遲了五小時開舖，給爸爸罵了三天。」樂哥摸摸頭，尷尬地笑了笑，過去的事，成為日後時刻注意的教訓。

右：大地魚乾人手燒製，用經驗將食材配合，轉化成美味湯底。
左：嚴選適用的優質海蝦，才能吃出鮮活的味道。

堅持自己的味道

自己的標準能夠堅守，但食客的口味會變，食材的質素也有不同。樂哥指，以前的食物比較偏鹹、偏甜，現在改良了不少，鹽、糖起碼減少一半，也會因應食材來調整份量。雲吞餡料同樣因應食客的口味而改變，「以前的雲吞蝦肉不太多，現在我們做到七、三比例，即是蝦肉七成，豬肉三成，跟以前的三、七比例相反。以前肥豬肉多，現在已經減半。比例、份量改變，是因為想多些年輕人接受雲吞這種食物。」樂哥細說，雲吞的配方改變，是希望迎合現代的市場，但即使配方不變，也難以重做昔日的味道。Kenny 說：「時常有人說吃不到以前的味道。那種味道，就算以前的老師傅『翻生』，現在都一樣吃不到。」樂哥接續說，因為食材一直改變，以前的豬肉、大地魚比現在的優質，炸豬油也是以前更香，連對面街都可以聞到。「以前全部食材都不會放雪櫃，要即刻處理。譬如牛腩，五點多從上水屠房運來，到店時肌肉還會跳動，嚇到我。這樣的

上：拿皮的手勢，已經決定包餡的位置。
中：加入多少餡料，是目測與手感的配合。
下：憑經驗手指一捻，麵皮黏實，自帶「金魚尾」。

食材，現在完全沒了，所以一定吃不到以前的味道。」樂哥點出問題的精髓，食材本質上的改變，令味道有根本性的不同。

世事變遷，在勝叔的指導下，十大碗仍然堅持自己的味道，在太子的麵店延續逸香的口碑。要維持口碑，Kenny 直言不容易，談到：「雲吞絕對是歷史產物，好的雲吞取決於質量，決定店舖的成敗。當食客想起雲吞麵，就會想到好的食店，雲吞要與湯、麵做配搭，三者配合得好，才可以用水準招徠客人。」蝦爽、麵彈、湯香，是十大碗的雲吞麵指標，同時用來連起食客的味蕾。對 Kenny 而言，雲吞不止於飲食，還有更深的意義：「十大碗與雲吞，確實是互相依存的關係，十大碗能夠為雲吞提供一個平台，令到它發光發熱。」好店舖與好食物，不單止相互加持，對飲食文化同樣有重要影響，樂哥補充：「雲吞要做得好，顧客才會回頭光顧。如果第一次吃雲吞，整體質量都不好，食客不會再回頭。但當我們維持水準，食客來到十大碗，覺得雲吞還可以，也吃得舒舒服服，他們下次也會願意再來。」單一店舖質量的維持，不單有利於自己，同時影響食客對同類食物的觀感，以至影響業界的起落。

街坊生客，各有趣事

十大碗坐落太子，目標是做街坊生意，做好自己的品質。街坊固然是常客，不少食客也慕名而來，為樂哥和 Kenny 留下不少有趣故事。「街坊食客全部變成朋友，很開心。我們的辣椒油是自家製的，熟客會問，辣椒油可不可以預留。取辣椒油時，熟客常常不好意思，又再買點食物，於是會越來越多『偈傾』。」滋味預留，也能吸引四方來客，Kenny 數數手指，不少香港人從加拿大、美國、英國回來，都會到十大碗食麵和「傾偈」。本地食客會從大埔、馬鞍山、北角，專程坐車來吃心頭好。樂哥雀躍地說：「有位住元朗的食客，上年從英國回來，

右：雲吞加湯，上鋪蛋麵，就完成一碗滋味「細蓉」。

上：雲吞煮好，皮薄餡透，「金魚尾」盪漾，即時加入新鮮精製湯底。

吃過十大碗，前日便帶全家親戚來吃。另外，來自新加坡的食客，一次來了十幾人，都是十分有趣。」Kenny 看着樂哥插話：「『比賺錢還要開心』，他常常這樣說，真的。」樂哥聽到，也笑得開懷。

飲食引來不同客人，樂哥說，不少食客會邊吃邊跟他討論：雲吞麵怎樣才叫好？雲吞的數量要多少？麵如何有蛋香、麵味？街坊全都是食家，吃雲吞麵很多年，會不時提供意見。Kenny 也談到，有食客在赤柱做麵，先談過去歷史，有次談起自己有鋪位，問有沒有興趣租用，可以平租一點；食客各有個性，都「好得意，好過癮」。飲食的緣分不單連繫上 Kenny 和樂哥，也有爸爸勝叔的份兒，兩人你推我讓，討論一番，由 Kenny 談起爸爸的往事：「爸爸在天棚讀書時的一位小學同學，早已移居加拿大，有日看到我們的報道，打電話到店找我爸爸；爸爸接聽了，也認不出來，因為實在幾十年無見。一天，這位老同學專程從加拿大回來，到店找他，兩人都已經白髮斑斑，最後相認，大家談了很多，十分開心。」Kenny 和樂哥說起這事，也嘖嘖稱奇，覺得不可思議。

雲吞於香港飲食文化扎根多年，吸引不同年齡、來自各地的食客，Kenny 經營麵店，有他自身的想法：「雲吞是香港飲食文化好重要的部分，不單止是受歡迎的美食，亦是香港的歷史象徵，十分具有代表性。茶餐廳、街頭小店、高級酒家，甚至在飛機，都可以找到雲吞的蹤影，亦是香港好獨特的風味。」看到店內食客穿梭往來，坐低起身，或許就是為了品嘗一碗好的雲吞麵，想要從手藝中尋找滋味。Kenny 補充，雲吞是在香港必吃的食物，亦一路走向國際化。有次看到四位台灣女生，拿着行李和背包到店，細問之下，原來她們一下飛機，就從機

十大碗

左：樂哥入行二十多年，親力親為，掌管廚房事務，一心要做好雲吞。

場乘車過來，第一站就到十大碗吃雲吞麵，說要嘗嘗香港的味道；所以，很多人一談起雲吞麵，也會想到香港。

讓雲吞帶動回憶

樂哥已經是雲吞製作技藝的第三代傳承人，談到往後的傳承，他有自己的看法：「如今有跟隨我十年以上的徒弟，我想我將來退休的時候，就將店轉給他；徒弟跟我學習、工作多年，亦即是傳承我和我的手藝了。」Kenny 回應食客常來十大碗，也能夠幫助雲吞的傳承：「當然是多些來吃東西，例如我帶女兒外出用餐，都會跟她說自己小時候的飲食經歷。等於食客來到十大碗，談起以前吃雲吞、炸醬麵，跟下一代介紹兒時味道。下一代接受了，就會一直品嘗，日後到他們結婚，又可以帶兒女過來，就可以做到傳承的效果。」飲食的傳承，要靠一代接一代的口耳相傳，閒談舊時歷史，笑說文化故事；同時也得親身體驗，踏進大地魚香味四逸的飲食氛圍，皮滑蝦爽，湯溫味鮮，一試便難忘。

Kenny 強調，食客多些帶下一代到麵店，吃吃不同食物，認識到雲吞麵，同時亦希望，食客帶自己的父母來嘗嘗。「我覺得大家應該多帶自己的父母去吃雲吞，讓他們可以懷舊一下，品味以前那種情懷。味道百分百復刻就不可能，但可以通過食物，讓情懷帶動回憶。」Kenny 望了望坐滿食客的店面，還有牆上畫滿食材、食物的壁畫。樂哥來回廚房，指揮若定，一碗碗熱燙雲吞麵在店面穿梭，奉到食客面前。雲吞是美食，對樂哥來說，雲吞當然不止於美食而已，他坐下來說：「雲吞對我來說是職業，可以養妻活兒。同時是我的志願，是自己有興趣去做的事。我想將雲吞發揚光大，將十大碗的雲吞發揚光大，帶到中國內地、或者飛到海外，希望世界各地的人都會懂得欣賞雲吞。」

一碗雲吞麵，從麵到湯，由皮到餡，滿載多少時間和心機。

雲吞 製作過程 Procedure

01 大地魚乾可以煮湯、做餡。做餡要從來貨的整條魚乾，撕出魚柳，再打成魚末

02 原條大地魚乾來貨，魚身烤焦煮湯底，魚柳撕出來再處理

03 左面是撕下來的大地魚乾柳；右面是經過油炸的狀態。圓碟是打好的大地魚末，用於湯底和雲吞餡料

04 人手烤製大地魚乾，烤出焦香味

05 焦香程度最難拿捏，一步都不能離開

06 雲吞餡料主要有馬來西亞海蝦

07 豬肉料，由上肉加腩肉混合，稍稍調味醃製

08 加入切粒肥肉，先用糖醃兩小時。另有胡椒粉、雞粉、鹽、糖、鴨蛋、大地魚末

Making Technique

09 餡料混和，加入自製的大地魚末

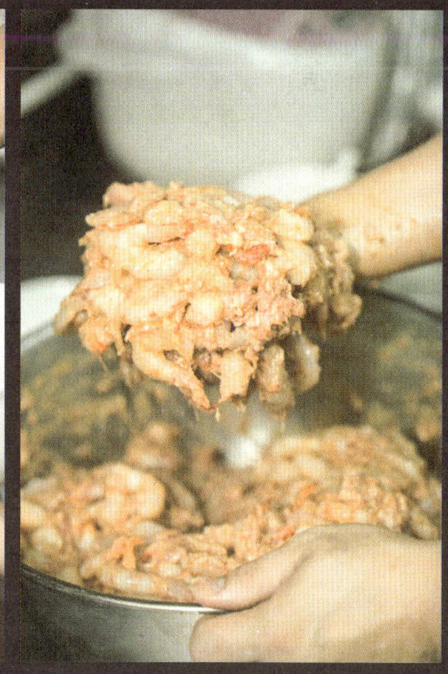

10 餡料用手拌勻，用手能夠感覺均勻程度，攪拌至略為起膠的狀態

雲吞 製作過程

Procedure

11 餡料製成，即時用雲吞皮包製

12 標準是每粒雲吞的大小相若，十分講究功夫

13 包好放盤備用，每粒雲吞都有「金魚尾」（黏餡以外的麵皮），至少雪藏十五分鐘，讓雲吞皮收緊，更能包裹餡料。

14 滾水煮熟撈起，皮薄透肉餡，「金魚尾」明顯

15 再按數量舀到碗裏

16 加入當日精製大地魚湯

17 添上韭黃，奉客上桌

中華文化

「……中裹以餡，鹹甜均有之。其熟之之法，則為蒸，為煮，為煎。粵肆售此者，寫作『雲吞』。」

——《清稗類鈔》

「雲吞」二字，香港常見，同是粵地流通的寫法，原來的寫法為「餛飩」。清代《清稗類鈔》記「餛飩」一條，對雲吞的製法、名稱，有扼要的解釋，提到：「餛飩，點心也，漢代已有之。以薄麵為皮，有襞積，人呼之曰『縐紗餛飩』，取其形似也。中裹以餡，鹹甜均有之。其熟之之法，則為蒸，為煮，為煎。粵肆售此者，寫作『雲吞』。」「點心」原非正餐所食用，所以香港有些淨雲吞、雲吞麵，碗細量少，原意是作為正餐以外的輕食，墊墊肚子。「襞積」指衣服摺疊的地方，「縐紗」是一種有摺痕的絲織物，現在的雲吞仍有捻壓的摺痕。

現代雲吞以鹹食為主，包肉包菜皆可。甜食雲吞並不多見，可包豆沙作餡。香港的雲吞多作湯煮、油炸，蒸和煎的反而少見，「餛飩」轉成「雲吞」，就是因為二字粵音相同，換成較為常用的文字。關於餛飩的做法，南宋《事林廣記》專有「餛飩」一條詳細記載，開皮、包餡、湯煮的做法如下：「白頭麵一斤，用鹽半兩，新汲水和。如落索麵，頻入水和，搜如餅劑，停一時再揉，百十揉為小劑，骨魯槌捍。以細豆粉為☒，四邊微薄，入餡，醮水合縫。下鍋時，將湯攪轉，一個個下，至沸頻灑水，火長要魚津，滾至熟有味。滾熱味短，多破餡子。」麵粉、鹽用新取的水和成麵團，分為小團，用擀麵捧滾，手搓成皮，「骨魯」就是形容物件轉動的聲音。「醮」應為「蘸」，麵皮包餡，蘸水黏合。煮時攪動熱水，雲吞逐一放入免黏着，水滾後加水免大滾，因大滾麵皮易破，水微滾至雲吞煮熟。

雲吞的內餡同樣有講究，《事林廣記》續談：「如用豬羊肉，先起去皮，後起去膘並脂。將膘脂剁為爛泥，精肉切作餡，不可留一點脂在精肉上。下椒末，並縮砂仁末，著中用以香油、醬、葱，細切打作炒葱，勿用生葱，用之渾氣不可食。入鹽調和鹹淡得所。」豬羊肉類，去皮去脂，脂肪要細剁，精肉要刀切，混和作餡，加入椒末、縮砂仁末、香油、醬、葱添味，用炒葱，不用生葱，怕葱味青澀影響肉餡味道，再依個人喜好下鹽。清代《調鼎集》談到「湯餛飩」，做法與《事林廣記》的相似，不過「餡取精肉，加椒末、杏仁粉、甜醬調和作餡」，肉餡和配料稍有不同，煮時鍋內要放竹墊防黏，發展出因人而異的做法。

餛飩的意思說法不一，其中一說與渾沌相關，如唐代《資暇集》說：「餛飩以其象渾沌之形，不能直書渾沌而食，避之從食可矣。」渾沌指清濁未分的狀態，或指雲吞煮時浮動的形態。食用雲吞跟時節相關，宋代《歲時廣記》有「食餛飩」一條，引用《歲時雜記》說：「京師人家冬至，多食餛飩，故有『冬餛飩、年飥飪』之說。」當時已有冬至吃雲吞、新年吃麵食的習慣。及至宋代《武林舊事》談「冬至」，也有類似的說法：「嶽祠城隍諸廟，炷香者尤盛，三日之內，店肆皆罷市，垂簾飲博，謂之『做節』。享先則以餛飩，有『冬餛飩，年餺飥』之諺，貴家求奇一器，凡十餘色謂之『百味餛飩』。」食肆過冬至，三天閒居娛樂、不開市。大眾用雲吞來祭祀祖先，富貴人家早有準備，製作不同顏色的雲吞。

清代《帝京歲時紀勝》，同樣談到雲吞與祭祖的習俗，說：「預日為冬夜祀祖，羹飯之外，以細肉餡包角兒奉獻，諺所謂『冬至餛飩夏至麵』之遺意也。」到《嘉定縣續志》談「餛飩」，另多了一層新的意思，文中提到：「以水溲麵，擀之使薄，實以肉蔬諸餡，包之作錠狀，祭祀多用之。又以敬客，為取多財之祝。」將雲吞捏成元寶狀，祭祀之餘，加添招財的意思。

非遺對讀：小籠包

小籠包跟雲吞一樣，用麵皮包餡料，不過小籠包的湯汁是在裏面，雲吞的湯在外面。小籠包款式不少，較多見的有豬肉餡，還有牛肉、雞肉，或作素食，包瓜果蔬菜。餡料的配搭和調味層出不窮，蟹粉、麻辣、松露、鵝肝，添加特色風味，另有加入黑糖珍珠、草莓和豆沙，變成創意甜點。

現在常說的小籠包，別名為「小籠饅頭」，2014 年「小籠饅頭製作技藝」，由上海市嘉定區申報，納入「國家級非物質文化遺產代表性項目名錄」，講究混餡、搓皮和包製的手藝。小籠包古時稱為「饅頭」，同樣是由麵皮包裹餡料，做法流傳到現在，清代《清稗類鈔》提到：「南方之所謂『饅頭』者，亦屑麵發酵蒸熟，隆起成圓形，然實為包子。」「饅頭」一詞，有兩重意思：一為有餡的小籠包，二為無餡的發酵白麵。

若從小籠包的麵皮考究，同樣可分成兩種，《嘉定縣續志》中有「饅頭」一條，詳細談及製法：「有緊酵、鬆酵二種。緊酵以清水和麵為之，皮薄餡多。南翔製者最著，他處多倣之，號『翔式』，小者以湯佐之，曰『湯包』。鬆酵者，以白酒滓或鹼水溲麵，起酵蒸之，或作荷葉形，包肉以啖皆宜，即食，故曰『出籠饅頭』。」小籠包的麵包分兩種，緊酵皮薄，一夾易穿，以「南翔小籠包」著名，影響最廣。鬆酵皮綿，鬆軟回彈，用的是中式包點的麵皮，這款麵皮單做，就是平日的白麵饅頭，製成荷葉形，又叫作「荷葉餅」，是平日用來夾烤鴨、東坡肉的麵皮，大多蒸籠熱上，即包即食。

饅頭，初名為「蠻頭」，有說是諸葛亮為代替人頭用來祭祀，元代《說郛》談饅頭，就有這個說法：「食品饅頭本是蜀饌，世傳以為諸葛亮征南時，其俗以人首祀神，孔明欲止其殺，教以肉麵二物像人頭而為之。」用麵皮包肉來模擬人頭，後來演變成食物。明代《七修類稿》同樣有相似說法的延續，提到：「蠻地以人頭祭神，諸葛之征孟獲，命以麵包肉為人頭以祭，謂之『蠻頭』，今訛而為『饅頭』也。」「蠻」、「饅」二字同音，後來改稱「饅」頭，抹去了「蠻」族故事的歷史元素。

清代《清稗類鈔》談饅頭，仍流傳相同的故事，不過提到的饅頭無餡，以至緣起故事也稍有轉變，書中詳記：「饅頭，一曰『饅首』，屑麵發酵，蒸熟隆起成圓形者。無餡，食時必以肴佐之。後漢諸葛亮南征，將渡瀘水時，土俗殺人首祭神，亮令以羊豕代之，取麵畫人頭祭之，『饅頭』名始此。」「頭」和「首」意思相同，可互用。文說饅頭無餡，所以祭祀要加上牲畜，再用麵加筆畫假裝成人頭。從整理與閱讀可見，合併不同年代的資料來看，更能了解中華飲食文化故事的豐富全貌。

09

水餃製作技藝

Traditional Dumpling Making Technique

鋒膳

話說非遺

香港人不時會吃水餃，天氣炎熱，不想吃飯，想食物配湯，會吃水餃；天氣寒冷，想吃熱食暖身，也會吃水餃。記得小時候到上海麵店，就有姨姨在近門口的位置，一疊白麵皮，一大盤菜肉，雙手不停包水餃：舀肉包餡，沾水收口，兩手一按，向內一擠，邊壓實，形飽滿，然後一列列的排在木托，一托排滿，蓋上入雪櫃，要不先招呼客人，要不繼續包水餃。

以前小店經營，沒法機製量製，沒有中央廚師，全人手包製，也會遇到水餃量見底的情況。例如有客人買生水餃回家，一買好幾十隻，加上一堆客人湧入堂食，老闆娘就會從閒坐休息，轉換成緊張模式，指示店員姨姨先包水餃，自己則忙東忙西，接客奉麵。

上海麵店、餃子店，餃皮來貨不一，再依食店的用料和調味，搭配餡料，併合出具店舖特色的滋味。水餃能變化、富特色，相關的「水餃製作技藝」，2014 年納入「香港非物質文化遺產清單」，繼續見證香港水餃傳承和演變。搓製水餃的手藝不單見於食肆，同時跟家庭的飲食相關，上世紀四、五十年代有不少人從內地南來，他們來自各省各地，到香港定居，帶來各處家鄉的食俗。例如來自北京、上海的朋友，日常生活會多吃水餃，遇上大時大節，水餃更是必吃的食物，來到香港，慢慢融入本地生活的同時，也沒有改變原來習慣。部分因着個人手藝，或自己開店，賣水餃賣麵，或到同鄉的食肆打工，將他鄉的手藝和文化，於香港展示和傳播。

水餃包好，等待煮熟，圍桌分食，是一家人期待的時刻。

記得小時候，有朋友確實會在家幫忙包餃子，通常是媽媽打點好一切，買菜買肉，洗切撈醃，開粉擀麵，熱水煮熟，分碟添醋，掌控大局。小孩從小接觸，搓搓粉團，嘗試包製，或只是幫忙啖食，都是成長中珍貴的飲食記憶。以前跟家人或前輩吃飯，若然人多成席，不時都會有水餃出現，通常在宴席的尾聲，每人分吃一點，一來有圓滿的祝福意思，二來確保大家都有吃飽。現時吃火鍋，不時也會吃到水餃，自己可以揀選獨特的口味，例如：芫荽豬肉餃、芝士雞肉餃。若然是到食肆用餐，劃紙單點的，較多是白菜豬肉餃、韭菜豬肉餃。另外還有麵店、餃子店，可以選擇的款式較多、較創新，加入咖哩、麻辣、松露、胡椒、鹹蛋黃等味道，再搭配各種蔬菜、肉類，調校出吸引大眾的豐富口味。

10th
anniversary
TAVIE

技藝訪談

——「鋒膳」主理人　黎兆鋒（Nansen）；Nansen 媽媽（烹煮能手森嫂）；Nansen 爸爸（粵菜大師黎汝森）

自小在家包餃子

走入「鋒膳」的貴賓房，老闆 Nansen 與媽媽森嫂、爸爸森哥，早就圍桌而坐，你一言我一語，輕鬆閒聊家事。飲食選擇繁多，家庭食事不一定有水餃，但反過來，有水餃的家庭，會當飲食是一回重要的事。不少人從麵粉開始，搓擀包煮，夾蘸咬嚼，經歷一趟趟的手作飲食之旅，問到水餃的相關記憶，森嫂想了想，慢慢談起過去的故事：「我是上海人，爸爸跟隨永華製片廠（永華影業公司）工作。我媽媽是南海人，他們結婚之後，在家中經常包餃子，小時候印象是，爸爸搓麵粉，做水餃皮，有時做麵條。當時家境不算太好，加上有六個兒女，吃這些最『慳皮』，又簡單，又快捷。」飲食習慣隨人事流動，水餃除了是上一代的口味，同時成了省錢的美食，凝聚成家庭活動，轉化作難忘的人生點滴。「以前飲食沒那麼豐富，也沒甚麼零食。媽媽、爸爸常常在家包餃子，煮給我們吃。包的時候，我們幾姊妹坐好，爸爸搓麵粉，用小杯印模做圓皮，逐塊印出來，我們都覺得很有趣。」森嫂童年的飲食記憶，伴隨手作，吃到肚子裏去。

以前家中沒太多機器，煮食主要靠雙手，如果份量多，就靠一眾家人的雙手。杯印皮，刀切麵，從小練就手藝，那麼麵粉如何擀？森哥說，就是用最古老那種「麵棍」來搓，搓好還要發酵。「粉團搓好，放入圓盤或器皿，用一塊扭乾的濕布蓋住，放一小時左右，再包餡。」森哥用雙手模擬，森嫂接着補

左：黎兆鋒（Nansen）（左）出身於飲食世家，啖吃媽媽森嫂的手作水餃，傳承爸爸森哥的粵菜功夫。

左上：包水餃的食材看似簡單，其實豬肉與冬菇的來源十分講究。
左下：餃子皮挑質量好的現買；舊時不少家庭是人手開粉搓製。

充，他們的「家庭式」手作十分簡單，都是包一款：白菜加豬肉，食材的選擇多少，主要看家庭環境。森哥回應：「對呀！五十、六十年代，物資不會太豐富，餡料來來去去那幾樣材料。」兩人一言一語，彷彿回到過去，一邊追溯腦海的畫面，一邊訴說飲食的故事。回憶起兒時包餃子的時光，森嫂說，應該大約十歲八歲就已經開始包。森哥突然插話：「我認識她的時候，她窗框也未識攀，當時唐樓的窗，她不夠高看外面。她住樓上五樓，我住樓下二樓；我估計她應該六、七歲已經識包餃子！」森嫂雀躍地憶說：「當時的上海人、外省人家，家家戶戶都識包餃子，很多人年紀小小就已經識包。」森哥說，他們骨子裏，就有包餃子的基因。

森嫂自小在家受包餃子的訓練，經驗滿滿。不過包製的過程中，有些步驟會較為困難，「我想，最難應該是開粉做皮，要有份量。我們小時候是以玩的心態去做，沒有仔細思考；聽聽看看，爸爸是怎樣開粉的，麵粉多少，水多少，我們就跟着做。」森哥接續從廚師角度，分析開麵的情況，指：「上一輩開粉，純粹憑感覺，不會有斤兩。開了粉不黏手，再調再試，像廚師一樣憑自己手感和經驗，不像現在要秤，要量好份量。」開麵以外，包餡也需要耐心和手藝，掌攤添餡，指壓用力，一樣考功夫。「有些包好的餃子，煮了之後會爆開；原因很多，有時麵皮不夠好，有時太薄，有時包餡太多，有時煮的火候控制得不好。」森嫂指，包餃子人人都會失敗，但其實沒太大問題，照吃就可以。

餃子包好煮熟，當然要趁熱吃掉，森嫂成長於上海家庭，有自己一套吃水餃的門檻，她細說：「我包了餃子就開心，一人可以吃四、五十隻的，因為我當作零食來吃。吃豬油撈飯，也會吃很大一碗，吃完又吃，吃完又吃。我們拍拖時，已經十多歲，他到我家，聽到要一人吃四、五十隻水餃，他真的『頂唔順』！」森哥聽到，表情從輕鬆愉快變得猶有餘悸。「我是廣

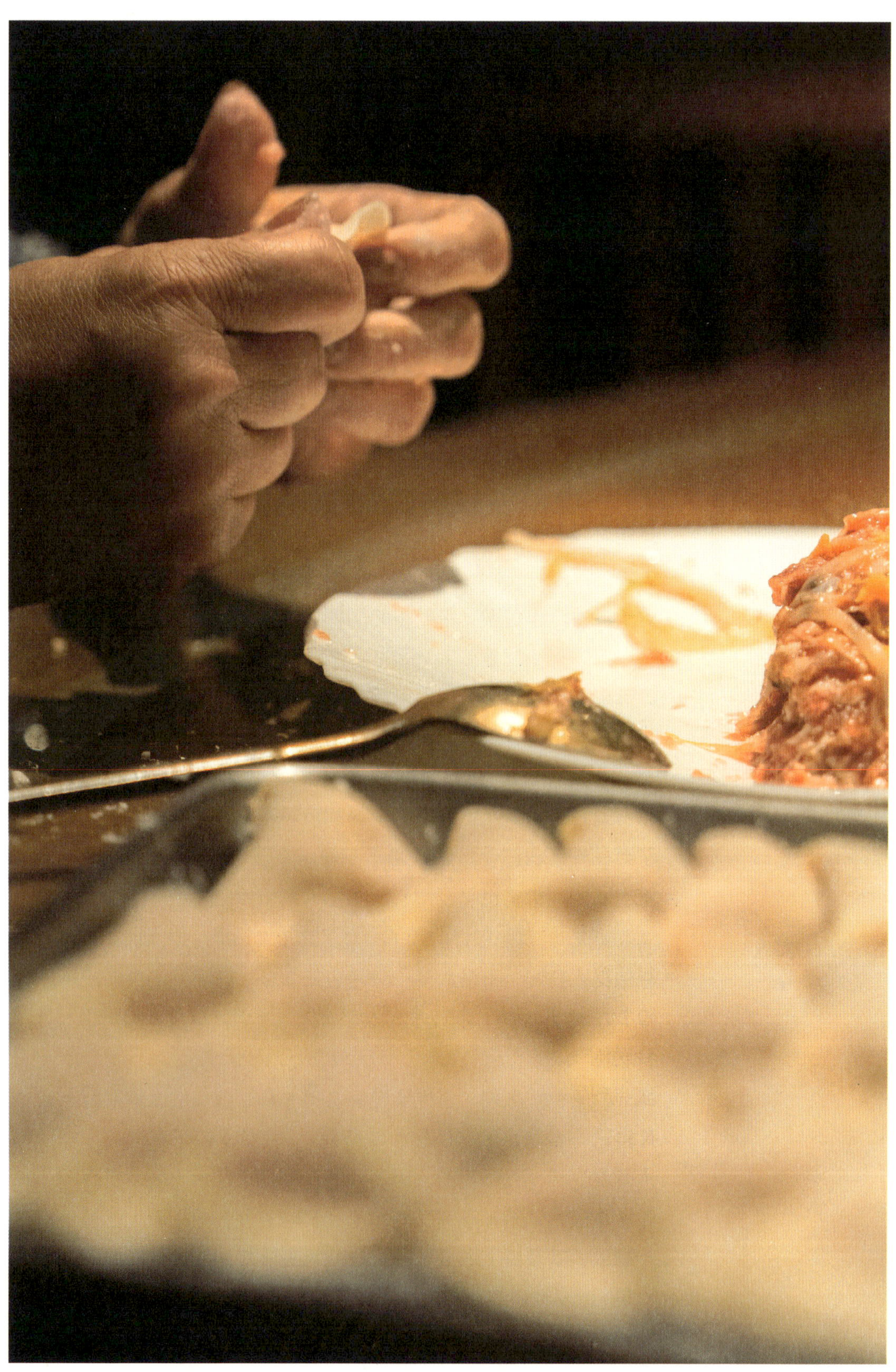

左：取皮包餡都有手藝，細心包製，熟能生巧。

東人，我們飲湯都是小碗的喝。上她家的時候，他們習慣宴請朋友，湯水下旺菜、火腿去煲，一來就是大湯碗，怎麼能習慣呢？我們廣東人吃米飯的，年輕人可以吃兩、三碗，但水餃怎樣吃四、五十隻？又不好意思不吃，我一看到整碟水餃，『眼都光晒』（目瞪口呆）。」森哥邊說，邊耍手表示不行。轉問 Nansen 小時候吃水餃的情況，他淡定地說：「我也是一次過吃三、四十隻的，因為如果那一餐是吃水餃，主食就是水餃。我兒時已幸福得多，餡料不會只得冬菇、白菜，還會有其他味道。」

餃子能吃上不少，但原來 Nansen 自己從來無學包過，「媽媽包好餃子，就會送到面前給我吃！」媽媽的水餃特別好，除了因為情感因素，Nansen 認為原材料也很重要。「我認為，包餃子取決於用的原材料，原材料品質好、配搭得宜，水餃自然就好吃。」Nansen 雖然不會親手包水餃，但媽媽水餃的溫心滋味，他仍然想更多人品嘗得到，所以當森嫂有空閒，Nansen 也希望媽媽可以包些水餃，當作「峰鐯」的隱藏食品，提供給熟客，試試森嫂傳承自父親的手藝。手藝要配合餡料，轉移請教森哥材料的重要性，森哥強調：「水餃的材料一定要新鮮。除了菇菌、乾貨，要那陣乾香之外，其他食材一定是新鮮的最好吃。我們一直有說『不時不食』。」

談到優質、適時的食材，現在的選擇越來越多，水餃的餡料可以大膽創新。「因為我開餐廳的，有很多優質肉食，有些部位我用不上。譬如我們冬天賣羊腩煲，頸以上的寧夏灘羊肉，我吩咐同事打成『免治』，自己再拿回家，給媽媽試包。羊肉試完到牛肉，有隻英國牛來貨，不如媽媽又試包一下牛肉餃。」Nansen 補充，牛肉加麻辣可以併合「水煮牛肉」味，還會加入孜然粉、大葱、韭黃，發展不同的味道。Nansen 就是在背後不斷支持森嫂從傳統中創新。用料多元之外，餃子的調味都一樣講究，森哥用上一特別的調味料：「我們家包了多年餃子，一開始就加入烘過的大地魚粉。雲吞麵店會用，但在家沒甚麼人會用，主要是我自己廚師出身，有時在家炆煮菜式，都會用自製的大地魚粉。黑色大地魚連皮買入，將肉撕出來，慢慢烘乾，攪拌成粉，餃子這樣做會更香、更好吃。」魚骨不會浪費，可以烘乾打粉，煮湯時用；盡用食材，是森哥作為廚師的心思。

森嫂善用食材混搭，不獨利用 Nansen 提供的食材，早於 Nansen 小時候，已經陸續出現各式水餃。「後來一直演變，媽媽建議多做不同口味的餃子，譬如：韭菜餃、粟米餃、雲耳餃。之後開始有手機，媽媽會上網參考做法，例如為求食得健康，會減低肥肉比例，增加蔬菜，又可能加些燕麥做餡。」Nansen 邊說邊數。云云水餃，揀選最愛，Nansen 毫不考慮，說是韭菜餃、白菜餃，因為是自己從小到大喜歡的口味。媽媽後來包粟米餃，Nansen 直言太甜、不喜歡。轉問森哥喜歡的水餃口味，他說因應健康，現在多吃白菜餃，以前就甚麼味道都會吃。

從味道勾起記憶，不同年代的記憶，組合成傳承的關係。水餃傳承的重點，在於身體力行，很多步驟都要靠雙手運作。森嫂說：「我記得爸爸買麵粉，要買一大包揹上樓，是餐廳用的那種大包麵粉。屋企人多，很快就吃完一包。後來爸爸喜歡吃深色的麵粉，也要買一大包。」森嫂指劃當時一包麵粉的大小。Nansen 聽到媽媽小時候的飲食故事，放於家族的層面稍作整理：「媽媽談到的，可能同樣是外公的兒時回憶，小時候在鄉下，沒甚麼好吃，可能人人都會做餃子。後來在媽媽心目中，是兒時的親子活動，但對外公來說，一個人來到香港，藉由餃子還可以回想起自己的老家。爸爸、媽媽，甚至爺爺，都做餃子給他吃，這已經是傳承，外公又再做給下一代吃。」來到 Nansen 的一代，水餃的傳承看似會遇上阻礙。「媽媽包餃子。第一，不會傳授給我啦！但可能會傳授給我太太。第二，自己無時間、無心機去學，包餃子的技藝，將來我不會懂得教我的兒子了。」Nansen 也不諱言，不過太太現時也會包餃子；原

右上：森嫂的餃子，用上 Nansen 的食材，豬肉來自「宮崎快樂豬」，小農養殖，吃乳酪、納豆、粟米長大。

右下：餃子現包，整齊排好，盛載 Nansen 一家的飲食回憶。

來媽媽的技藝，早就通過日常生活的飲食，不經不覺傳到太太手上。森嫂談到，相比以前，現在吃水餃的人少了很多，因為飲食多了選擇。粵菜以外，還有泰國菜、日本菜、韓國菜等，數之不盡。

水餃款式多，各人可依口味揀選，同時建構不同的飲食故事。森嫂從父親身上傳承手藝，再將味道經個人的調整和轉化，流傳下去。「水餃能夠聚集家人，一齊吃已經十分開心。有時候家人還會研究一番，媳婦說要吃多肉的，兒子又說要多吃菜，這時候就很難分配。只能夠今次包少點肉，下次包多點肉。但吃起上來，大家都很開心，能夠一起吃飯已經是開心事！」森嫂笑着娓娓道来。水餃帶來歡笑，也不免帶來難忘的回憶，森哥一談到水餃與他的過去，面色又有明顯轉變。「水餃給我的印象是『驚』，他們突然要我吃四、五十隻水餃，女生一樣吃這麼多，男生甚至可以吃六、七十隻，太誇張，心想：『點食呀……』。水餃我吃的，但叫我日日吃，真的做不來。」森哥一回想起，說話仍然緊張，不過水餃森哥仍是會淺嘗的。

右：水餃現煮，光滑飽滿，搭配各種湯底。食材選得好，腸胃無負擔。
左：森嫂專心包製餃子，一包一捻，是自小學習的手藝，也是對家人飲食的悉心關顧。

森嫂、森哥談到水餃，雖然感覺不同，但都不離家庭。對下一代的 Nansen 而言，水餃所帶來的，更多關乎於飲食本身，「快樂。你想想水餃入面『淡淡肉』，很多喜歡吃東西的人，就是喜歡『淡淡肉』，顆顆都是肉。也不用給媽媽逼吃蔬菜，因為菜都放在餡入面去。後期還可以自調醬料，蘸醋、蘸醬油、蘸辣椒醬都可以。」水餃有菜有肉，啖吃方便，醬料百搭，正合 Nansen 的胃口，當然他也了解飲食在家庭的重要性，「我有點不同，因為我的家庭在飲食上比較幸福，我爸爸是位廚師，我媽媽是廚藝高超的女士，飲食上我沒甚麼缺少。就算我到澳洲讀書時，都會打電話回家，問某些菜式怎樣煮，然後自己就可煮來吃。」Nansen 望了望爸爸、媽媽。森嫂準備包水餃，森哥補充食材的故事，Nansen 起身走到廚房，來回打點餐廳的大小事，暗自藉由餐廳的特製水餃，傳承媽媽的技藝和口味。

水餃 製作過程 Procedure

01 餡料材料，包括：日本冬菇、宮崎快樂豬、娃娃菜

02 冬菇切碎、豬肉攪碎、娃娃菜切幼條，混和成餡料。另有水餃皮

03 舀適量餡料上水餃皮

水餃製作技藝

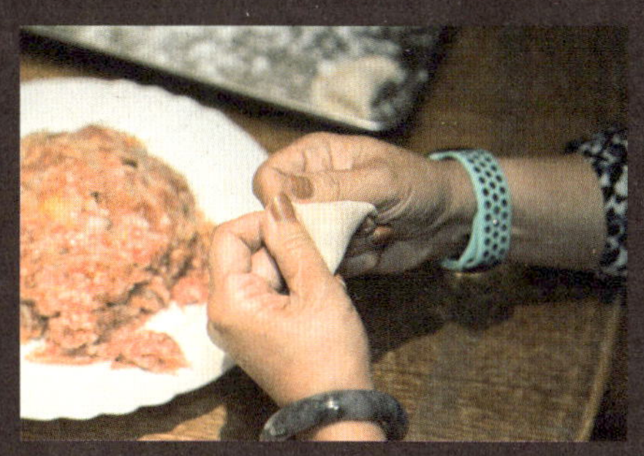

04 雙手拇指壓實，令水餃皮黏合

05 或包好後，兩角再黏連成元寶狀

06 盤灑麵粉，
水餃包好
排整齊，
備用待煮

07 水餃煮熟，
可配各款湯底

中華文化

「餃，點心也，屑米或麵，皆可為之，中有餡，或謂之『粉角』。北音讀『角』為『矯』，故呼為『餃』。蒸食、煎食皆可。蒸食者曰『湯麵餃』，其以水煮之而有湯者曰『水餃』。」

——《清稗類鈔》

水餃不論在家或外出都常吃，傳承古代飲食風俗。餃有不同的稱呼和煮法，清代《清稗類鈔》有「餃」一條，詳細記述當時的見聞，談到：「餃，點心也，屑米或麵，皆可為之，中有餡，或謂之『粉角』。北音讀『角』為『矯』，故呼為『餃』。蒸食、煎食皆可。蒸食者曰『湯麵餃』，其以水煮之而有湯者曰『水餃』。」餃的皮可用米粉或麵粉，裹面包餡製成，也有稱為「角」和「餃」。回想現代點心，「角」有「鹹水角」、「豆沙角」，「餃」有水餃、蒸餃、煎餃，對應各種煮法。《嘉定縣續志》談「餃子」，提到：「以肉湯或開水和麵為餃實餡，蒸食之。春筍時最宜。」用水或肉湯來開麵皮，包餡蒸食，春筍為主，再加肉添菜，現時仍是特色的時令餃子。

水餃餡料，各種各樣，韭菜豬肉餃、芹菜牛肉餃、香菇木耳餃，隨口味、心情挑選，清代《調鼎集》早有提到水餃的分類，說：「水餃，果餡、肉餡俱可，下鍋撈起，蘸醋或帶湯用。」「果餡」是以蔬果作餡，「肉餡」加入各款肉類，當時已有劃分。水餃可煮好隔水蘸醋，現在蘸醬油、豆瓣醬都可，或添不同湯底食用。

大眾吃水餃，不少跟時節相關，《清稗類鈔》提到「京師食品」，就跟農曆新年相關，說：「其在正月，則元日至五日為破五，舊例食水餃子五日，曰『煮餑餑』。然有三日、二日或間日一食者，亦即以之饗客。」「餑餑」指米糧做成的食物。傳統說法談到，農曆初一至初四為「破日」，諸事不順，到初五為「破五」，可以破除禁忌。五天都啖吃水餃，或用水餃招呼來客。除夕、新年，吃水餃是傳統的重要食俗，清代《鄉言解頤》有「水餃」一條，指出：「除夕包水餃，謂之『煮餑餑』，亦猶上元元宵、端陽角黍、中秋月餅之類也。」跟元宵吃湯圓、端午吃糉、中秋吃月餅，同樣有節日併合飲食的重要性。《重修淮陽縣志》談「冬至」，指「祀先烹水餃」，即冬至的水餃，食用以外，同時會用於祭祖。

水餃具有多重意義，《桓仁縣志》記錄農曆正月初一，「舉家團聚食水餃，形似元寶，俗呼『元寶湯』，以倡吉兆。」吃水餃團聚，同時將水餃包成元寶狀，寓意來年財運亨通。《奉天通志》也談到：「畢分食水餃，名曰『元寶湯』。」水餃組成「元寶湯」要完全分食，不可有餘。古時吃水餃，可以有立即進帳財富的機會，還隨時會吃出金塊，不用期待來年，例如清代《帝京歲時紀勝》記「歲暮雜務」，說年底吃水餃，是要務之一，言：「闔家喫葷素細餡水餃兒，內包金銀小錁，食着者主來年順利。」有些家庭會在水餃內餡，包入小的金塊、銀塊，全家分吃水餃時，寓意吃到的人來年順利。後來大眾仍有流傳相類的習俗，日子改到新年時候，《萬全縣志》說：「各家皆於是日豐酒盛饌，並食水餃，餃內預藏制錢一枚，食時進發現之，即為有福之兆。」吃水餃吃出錢幣，也是來年有福有運的開始，只不過進食時要小心注意。

非遺對讀・・煎堆

水餃一年四季常吃，更是除夕、過春節時的重要食物，家人團聚搓包，圍坐啖吃水餃，閒談說笑，期許來年事事順利。春節是中華文化的重要節日，2024 年中國申報的「春節——中國人慶祝傳統新年的社會實踐」，列入「聯合國教科文組織人類非物質文化遺產代表作名錄」。飲食於春節充當重要位置，水餃以外，煎堆、油角等賀年的食物，不少人會張羅、準備，清代《廣東通志》就談到過春節的情況，說：「元日拜年，燒爆竹，啖煎堆、白餅、沙壅，飲柏酒。元夕張燈，燒起火，十家則放煙火，五家則放花筒。」跟親友拜年，觀看維港煙火，是傳統節慶的傳承。點燈、放爆竹的習俗，不少地方仍然流傳。現在過新年仍會吃煎堆，白餅、沙壅更多成為日常的傳統小食，反而新年不多見。

現代的煎堆，包有傳統和新式餡料，豆沙、蓮蓉、奶黃、抹茶，清代《廣東通志》提到一種餡料，香港比較少見，文說：「廣州之俗，歲終以烈火爆糯穀，名曰『炮穀』，以爲煎堆心餡。煎堆者，以糯粉爲大小圓，入油煎之，以祀先及饋親友。」「炮穀」又叫「爆谷」，看電影時常吃，原來也可以作為煎堆的餡料，加些糖和果仁混合，包好油炸。有時吃到的煎堆，沒有餡料，也是古時製法的一種，清代《四會縣志》談到：「小除前後，家家從事於年果，有煎堆，俗稱『轆堆』，意謂其圓可轆也。其有餡者，曰『有心轆堆』，以豆沙、豬肉等為餡，外不上蔴，以別之。」「小除」就是「小除夕」，即除夕的前一天，會製作煎堆，因為圓滾，又名「轆堆」，對應「煎堆轆轆，金銀滿屋」的說法。古時煎堆，甜放豆沙，鹹放豬肉，肉餡的煎堆香港少見，反而包肉餡的鹹水角較常見。

明代《竹嶼山房雜部》早就提到包豆沙餡的製法，也指出「堆」的原字，先說「油䭔音『堆』」，煎堆用油煎炸而成，所以又名「油堆」。「堆」的原字為「䭔」，「䭔」即是餅食，「油䭔」就是用油煎炸的餅食，參考清代《吳趨風土錄》談元宵節：「上元，市人簸米粉為丸，曰『圓子』。用粉下酵裹餡，製如餅式油煎，曰『油鎚』，為居民祀神享先節物。」「簸」就是用「簸箕」的器具，來揚去穀米的雜質、米糠，現在大多轉用機器來分離。古時的元宵節，不單搓湯圓，還會炸煎堆。現在於香港過節，元宵節吃湯圓，春節吃煎堆，反而較少重疊。

《竹嶼山房雜部》接續記錄當時煎堆的兩種製法：「一用碓細白糯米粉，湯溲之，鎖以餹蜜豆沙，為小鎚，油中煎熟。一用山藥劘去皮，擣粉，鎖以鮮乳，餅油煎。」「碓」有舂的意思，「劘」就是削去。豆沙餡煎堆，是現在仍能吃到的傳統口味。另一款用山藥粉作皮，再包鮮奶，即使現在看來，可說創意十足。金代《食物本草》談「油堆」用糖果為餡，說：「上元日，以糯米粉捻成餅，餡以糖果諸物，沸油煎熟，食之其美。」元宵節吃甜餡的湯圓、煎堆，十分應節，不過煎堆的糖果餡是甚麼？反而讓人好奇。《食物本草》補充：「油堆味甘，燈夕食之，令人一歲無病。」為愛吃，或為健康，元宵節夜賞花燈，吃點煎堆，也不為過。

著　　者　蕭欣浩

責任編輯　梁卓倫

裝幀設計　Sands Design Workshop

排　　版　Sands Design Workshop

攝　　影　孫俊明

協　　力　黃瀞翹

出 版 者　萬里機構出版有限公司

香港北角英皇道 499 號北角工業大廈 20 樓

電話：(852) 2564 7511

傳真：(852) 2565 5539

電郵：info@wanlibk.com.hk

網址：http://www.wanlibk.com

https://www.facebook.com/wanlibk

發 行 者　香港聯合書刊物流有限公司

香港荃灣德士古道 220-248 號荃灣工業中心 16 樓

電話：(852) 2150 2100

傳真：(852) 2407 3062

電郵：info@suplogistics.com.hk

網址：http://www.suplogistics.com.hk

承 印 者　美雅印刷製本有限公司

香港觀塘榮業街 6 號海濱工業大廈 4 樓 A 室

出版日期　二〇二五年七月第一次印刷

規　　格　16 開（240mm X 170mm）

I S B N　978-962-14-7638-8